Expedition Wissen

Weltall

Expedition Wissen

Weltall

Ravensburger Buchverlag

Inhalt

Hier geht's weiter! Komm mit ins Buch!

Zu diesem Buch

Knack den Code!
- Spannende Rätselfragen
- Fragen sind durchnummeriert, diese Nummern finden sich auf der Schatzkarte auf Seite 72 wieder
- In Klammern angegebene Buchstaben merken
- Lösungsbuchstaben werden auf der Schatzkarte eingetragen: Gewinnspiel
- Gewinnmöglichkeit auch im Internet (mehr dazu auf Seite 80)

Steckbriefe und Biografien
- Stichwortartig zusammengefasste Daten und Fakten

12

Fernglas und Fernrohr

Knack den Code!
2. Wie nennt man eine Sternwarte noch?
(5. Buchstabe)

Galileo Galilei (1564–1642)
- italienischer Physiker, Mathematiker und Astronom
- entdeckte mit dem Teleskop bei zwanzigfacher Vergrößerung Mondgebirge und die vier größten Jupitermonde.
- erkannte, dass die Milchstraße aus Sternen besteht.

Mit einem Fernglas oder einem Fernrohr kann man Mond und Sterne näher zu sich heranholen: So lassen sich viele Einzelheiten entdecken.

Der Himmelsausschnitt

Beim Fernglas ist der Himmelsausschnitt groß, das ist besonders geeignet für die Beobachtung größerer Objekte: ein Komet oder ein Kirchturm. Ein Fernrohr oder Teleskop kann auch kleine Einzelheiten näher heranholen: Dann sieht man aber nur einen Teil oder Ausschnitt, zum Beispiel nur die Kirchturmuhr. Da uns ein Kirchturm aber oft so groß wie der Mond erscheint, ist ein Fernrohr ideal für dessen Beobachtung geeignet.

Das Optik-Einmaleins

Auf jedem Fernglas stehen zwei Zahlen: Vergrößerung und Objektivdurchmesser. So bedeutet 10x50 eine 10-fache Vergrößerung bei einem Objektivdurchmesser von 50 mm.
Aber für die Himmelsbeobachtung ist die höchste Vergrößerung nicht immer die beste. Denn je stärker die Vergrößerung, desto kleiner der gezeigte Himmelsausschnitt und desto geringer die Lichtstärke. Ein 10x50-Fernglas ist gut für die Beobachtung von schwach leuchtenden Kometen. Um aber zum Beispiel die Oberfläche des Mondes zu betrachten, ist ein Fernglas mit höherer Vergrößerung besser. Oder ein Fernrohr.

Kaum zu glauben
Der Flug zum nächstgelegenen Stern Proxima Centauri würde mit einem Jumbojet fünf Millionen Jahre dauern.

Mit Fernglas oder Fernrohr kann man viele Einzelheiten am Himmel genau erkunden.

Kaum zu glauben
- Informative Fakten, die unterhalten und verblüffen

Verschiedene Textsorten
- Zeitungsartikel, Briefe, Postkarten, Tagebucheinträge oder Listen

Das Spiegelfernrohr

Heute verwendet man Spiegelteleskope in der Astronomie, also bei der wissenschaftlichen Sternbeobachtung. Das Bild wird über das Spiegelobjektiv „eingefangen“ und dann über einen schräg stehenden Spiegel in das Okular geleitet: Man schaut also beim Teleskop durch das Okular an der Seite und nicht wie beim Fernrohr durch das untere Ende. Allerdings muss man sich erst einmal an den kleinen Himmelsausschnitt gewöhnen und muss üben, mit dem Spiegelteleskop etwas so Kleines wie zum Beispiel eine Kirchturmspitze am Himmel zu finden.

Weitblick hat nur, wer – richtig – durchblickt!

Comic
- Lustige Bildergeschichten mit Pfiff vertiefen wichtige Informationen

Was kann man auf der Sonne beobachten?
➡ Seite 34/35
Was ist eine Mondfinsternis?
➡ Seite 50/51

Mit einem Fernrohr kann man zum Beispiel Kometen oder den Mond beobachten.

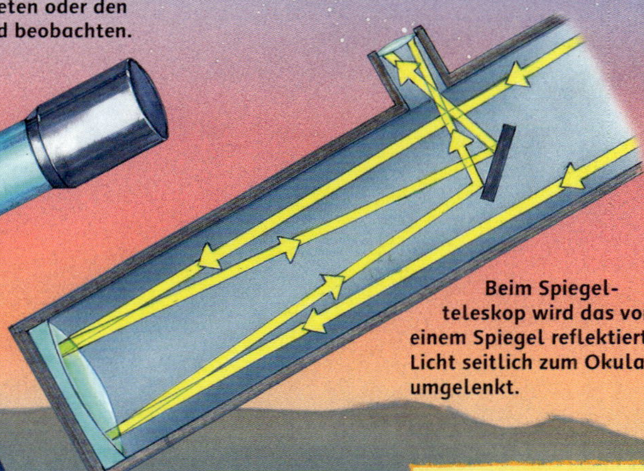

Beim Spiegelteleskop wird das von einem Spiegel reflektierte Licht seitlich zum Okular umgelenkt.

Lies mal weiter!
Seite 26, 64, 36
www.expedition.wissen.de
Sternwarte

Lies mal weiter!
- Link zur Homepage www.expedition.wissen.de
- Suchbegriff im weißen Feld für Eingabe auf Homepage
- Verweis auf weiterführende Seiten im Buch

Du entscheidest selbst!
- Was interessiert dich am meisten?
- Auf welcher Seite willst du weiterlesen?

Der Blick zum Himmel

Schon immer hat das Weltall die Menschen interessiert und begeistert: Sonne und Mond, Sterne und Kometen – viele Erscheinungen können wir am nächtlichen Himmel beobachten und für uns nutzen, zum Beispiel bei der Kalenderrechnung.
Wenn wir sehr viel genauer hinschauen, mit einem Fernrohr oder gar mit einem Weltraumteleskop, bekommen wir spannende Einblicke in die gigantischen Weiten unseres Universums. Im Laufe der Jahrhunderte haben die Menschen immer besser verstanden, welche Kräfte unser Weltall zusammenhalten.

Die Himmelskugel

Knack den Code!

1. Womit kann man die Lage eines Sterns angeben?
(5. Buchstabe)

Beim Blick in den nächtlichen Himmel glaubt man, in eine riesige Kuppel hineinzuschauen, die sich über uns alle wölbt und deren Innenseite mit funkelnden Sternen übersät ist.

Sich orientieren

Astronomen sind Wissenschaftler, die sich mit Universum, Sternen und Planeten beschäftigen. Sie benutzen eine solche Himmelskugel, um die Lage eines Sterns genau angeben zu können. Dazu haben sie von den Landkarten das System der Breiten- und Längengrade, den Äquator und die Pole übernommen und auf die Himmelskugel übertragen.

Dreht sich der Himmel?

Wenn man Sterne und Planeten auf der Himmelskugel beobachtet, gehen sie ungefähr im Osten auf und im Westen unter – genau wie Sonne und Mond. Natürlich wandern die Sterne ebenso wenig um die Erde wie die Sonne. Weil die Erde sich um ihre Achse dreht, entsteht der Eindruck, als zögen die Sterne langsam um uns herum.

Klapp- oder Liegestuhl und warme Decke: Sterngucker brauchen etwas Bequemes und etwas Warmes.

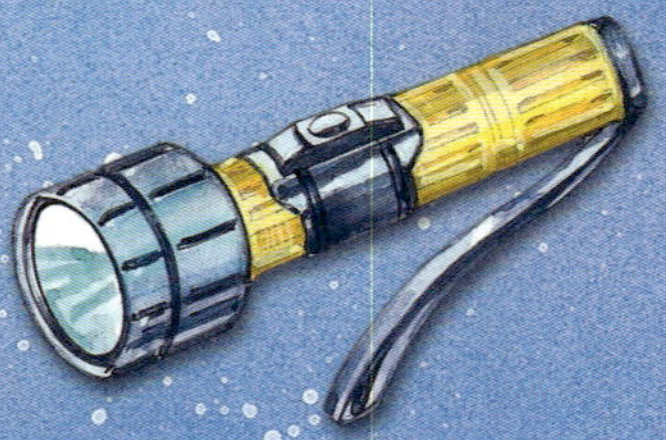

Taschenlampe: ... um auch nachts in diesem Buch nachlesen zu können.

Fernglas oder Fernrohr: ... um mehr zu sehen.

Kompass, Armbanduhr, Stift und Notizblock: ... um Beobachtungen genau festzuhalten.

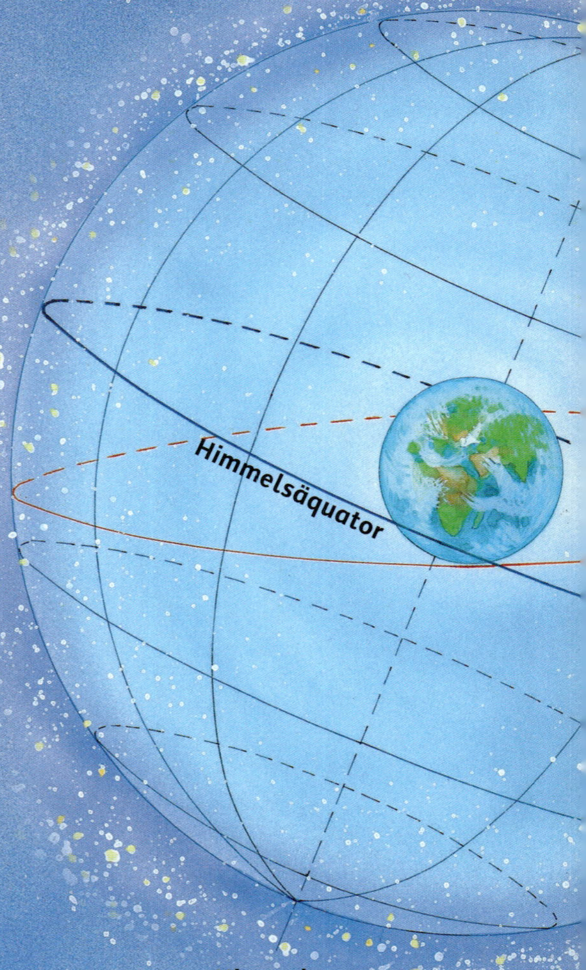

Sterne beobachten

Am besten beobachtet man den Himmel in einer sternklaren Nacht: Der Mond sollte nicht allzu hell scheinen und Wolken nicht die Sicht behindern. Der beste Standort ist eine Wiese auf dem Land, wo es dunkel ist, keine Häuser und Bäume im Weg sind und weder Straßenlaternen noch Leuchtreklame stören. Man muss bis mindestens eine Stunde nach Sonnenuntergang warten, bis das Licht der Sonne ganz verschwunden ist. Mit diesem Buch und einem Fernglas ausgerüstet, findet man schnell zum Beispiel den Polarstern.

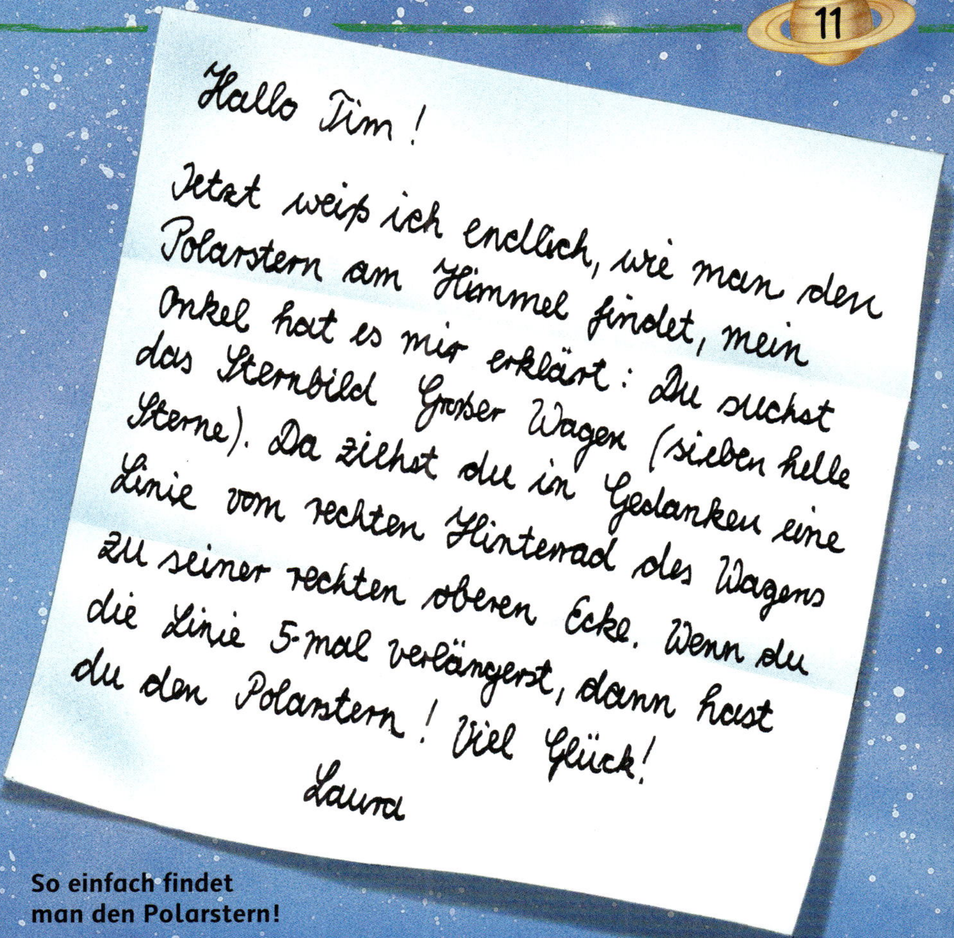

So einfach findet man den Polarstern!

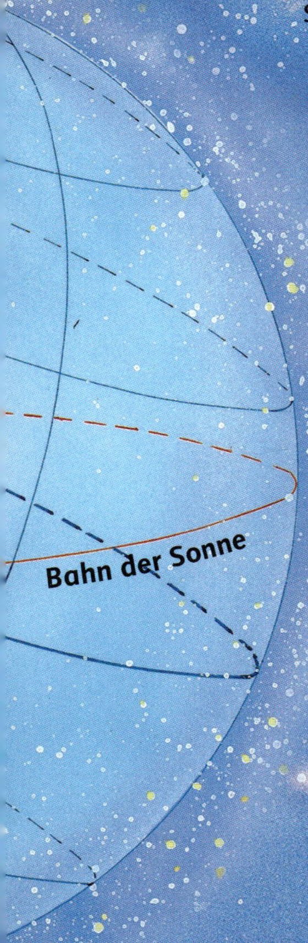

Insgesamt können wir mit bloßem Auge rund 3000 Sterne sehen. Aber das geht natürlich nur bei sternklarer Nacht und ohne störende Einflüsse, zum Beispiel von den Lichtern einer Stadt.

Nikolaus Kopernikus (1473–1543)

- polnischer Astronom
- erforschte, wie die Planeten die Sonne umkreisen (heliozentrisches Weltbild).
- erkannte, dass gleichzeitig die Erde sich um sich selbst und der Mond sich um die Erde dreht.

Lies mal weiter!
Seite 18, 32, 48
www.expedition.wissen.de
Himmelsbeobachtung

Fernglas und Fernrohr

Mit einem Fernglas oder einem Fernrohr kann man Mond und Sterne näher zu sich heranholen: So lassen sich viele Einzelheiten entdecken.

Der Himmelsausschnitt

Beim Fernglas ist der Himmelsausschnitt groß, das ist besonders geeignet für die Beobachtung größerer Objekte: ein Komet oder ein Kirchturm. Man benutzt es deshalb auch, um Tiere in der Natur zu beobachten. Ein Fernrohr oder Teleskop kann auch kleine Einzelheiten näher heranholen: Dann sieht man aber nur einen Teil oder Ausschnitt, zum Beispiel nur die Kirchturmuhr. Da uns ein Kirchturm aber oft so groß wie der Mond erscheint, ist ein Fernrohr ideal für dessen Beobachtung geeignet.

Das Optik-Einmaleins

Auf jedem Fernglas stehen zwei Zahlen: Vergrößerung und Objektivdurchmesser. So bedeutet 10x50 eine 10-fache Vergrößerung bei einem Objektivdurchmesser von 50 mm.
Aber für die Himmelsbeobachtung ist die höchste Vergrößerung nicht immer die beste. Denn je stärker die Vergrößerung, desto kleiner der gezeigte Himmelsausschnitt und desto geringer die Lichtstärke. Ein 10x50-Fernglas ist gut für die Beobachtung von schwach leuchtenden Kometen. Um aber zum Beispiel die Oberfläche des Mondes zu betrachten, ist ein Fernglas mit höherer Vergrößerung besser. Oder ein Fernrohr.

Galileo Galilei (1564–1642)
- italienischer Physiker, Mathematiker und Astronom
- entdeckte mit dem Teleskop bei zwanzigfacher Vergrößerung Mondgebirge und die vier größten Jupitermonde.
- erkannte, dass die Milchstraße aus Sternen besteht.

Mit Fernglas oder Fernrohr kann man viele Einzelheiten am Himmel genau erkunden.

Das Spiegelfernrohr

Heute verwendet man Spiegelteleskope in der Astronomie, also bei der wissenschaftlichen Sternbeobachtung. Das Bild wird über das Spiegelobjektiv „eingefangen" und dann über einen schräg stehenden Spiegel in das Okular geleitet: Man schaut also beim Teleskop durch das Okular an der Seite und nicht wie beim Fernrohr durch das untere Ende. Allerdings muss man sich erst einmal an den kleinen Himmelsausschnitt gewöhnen und muss üben, mit dem Spiegelteleskop etwas so Kleines wie zum Beispiel eine Kirchturmspitze am Himmel zu finden.

Weitblick hat nur, wer – richtig – durchblickt!

Was kann man auf der Sonne beobachten?
➡ Seite 34/35
Was ist eine Mondfinsternis?
➡ Seite 50/51

Mit einem Fernrohr kann man zum Beispiel Kometen oder den Mond beobachten.

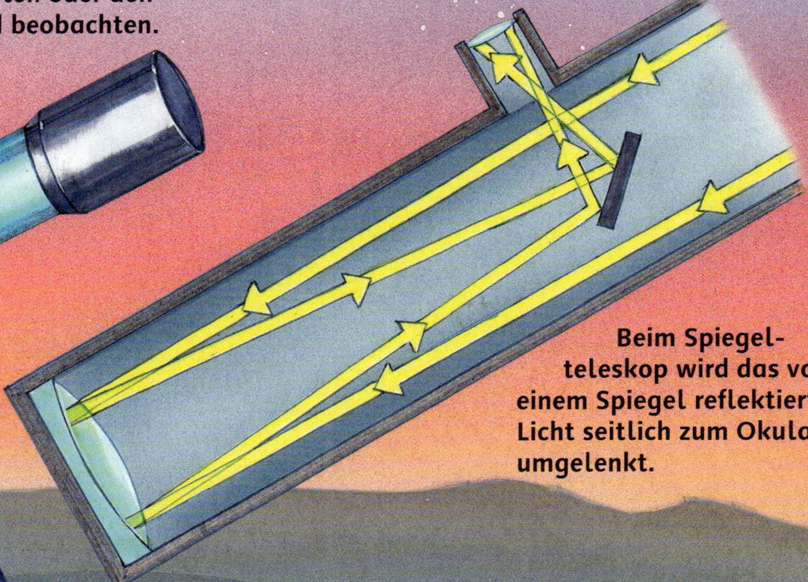

Beim Spiegelteleskop wird das von einem Spiegel reflektierte Licht seitlich zum Okular umgelenkt.

Lies mal weiter!
Seite 10, 14, 70

Die Profi-Sternbeobachter

Eine Sternwarte (Observatorium) sollte auf einem Berggipfel stehen, weil dort der Einfluss der Atmosphäre zwischen den Instrumenten am Boden und den Sternen und Planeten am Himmel weniger stört.

Große Spiegelteleskope haben Durchmesser von einigen Metern.

Spiegel zusammenschalten

Die großen Teleskope sammeln das Licht mit einem gekrümmten Spiegel. Diese Spiegel sind oft sehr groß und können viel Licht einfangen. Das größte Spiegelteleskop der Welt steht hoch oben in den Anden (Chile). Es besteht aus einigen großen Spiegeln, die über einen Computer zusammenarbeiten.

Radioteleskope

Einen noch tieferen Blick in die Weiten des Universums ermöglichen Radioteleskope. Sie ähneln den

Satellitenschüsseln, mit denen wir Fernsehprogramme empfangen.
In einer riesigen Satellitenschüssel werden Radiowellen aus dem All gebündelt und an einen Computer weitergeleitet, der dann Bilder erstellt. Auch Pulsare, das sind pulsierende Radiowellen, können damit erforscht werden.

Radioteleskope ähneln TV-Satellitenschüsseln und empfangen Radiowellen aus dem Weltall.

Knack den Code!

2. Wie nennt man eine Sternwarte noch?
(5. Buchstabe)

Edwin Hubble (1889–1953)

- amerikanischer Astronom
- beobachtete mit 2,5-Meter-Spiegelteleskop erstes Objekt außerhalb der Milchstraße.
- bewies Vorhandensein großer Galaxien außerhalb der Milchstraße.

Weltraumteleskope

Eine andere Möglichkeit, mehr vom All zu erforschen, bieten Teleskope, die im All stationiert sind. So liefert das berühmte Hubble-Weltraumteleskop seit 1994 erstklassige Bilder aus dem Universum. Allerdings sind Weltraumteleskope bedroht von herumfliegendem Weltraumschrott aus früheren Raumfahrtprogrammen: Hubble wurde schon von über 200 solchen Schrottteilen getroffen!

Optiker im Weltall

11. Dezember 1993 – Eine gefährliche Reparatur des Hubble-Teleskops ist Astronauten jetzt im Weltall gelungen. Das Weltraumteleskop hatte von Beginn an optische Fehler. Es „sah" alles verschwommen. So machten sich Astronauten mit einem Spaceshuttle auf den Weg zu Hubble und setzten ihm während fünf Ausflügen im All, die über 35 Stunden dauerten, eine „Brille" auf. Seitdem sendet Hubble spektakulär scharfe Bilder zur Erde.

Sternwarten erbaut man auf Bergen, denn dort gibt es keine Störungen durch Straßenlicht und Abgase.

Lies mal weiter!
Seite 26, 36, 64
www.expedition.wissen.de
Sternwarte

Unvorstellbar, aber wahr!

Knack den Code!
3. Welche Längeneinheit wurde vom Licht abgeleitet?
(4. Buchstabe)

Im Weltall verlieren unsere alltäglichen Maße wie Meter, Stunde oder Kilogramm ihre Bedeutung. Hier ist alles extrem!

Gigantische Entfernungen

So befindet sich der nächste Stern 4,2 Lichtjahre von der Sonne entfernt. Mit bloßem Auge können wir die Große Magellan'sche Wolke sehen, die 150 000 Lichtjahre entfernt ist. Hört sich nicht beeindruckend an? Ist es aber, denn ein Lichtjahr steht für die Entfernung, die das Licht in einem Jahr zurücklegt, und zwar mit einer Geschwindigkeit von 300 000 Kilometer pro Sekunde!

Wichtige Längeneinheiten

- Astronomische Einheit (mittlerer Abstand zwischen Erde und Sonne): 149,6 Millionen km
- Lichtjahr (Lj: Strecke, die Licht innerhalb eines Jahres zurücklegt): 9,4605 Billionen km
- Parsec: 3,26 Lichtjahre

Gigantische Kräfte

Genauso eindrucksvoll sind die Kräfte, die im Universum wirken, vor allem die Gravitation: Sterne und Planeten ziehen sich aufgrund ihrer Masse gegenseitig an. Diese Gravitation nennt man auch Schwerkraft. Je schwerer die Himmelskörper sind, desto größer ist ihre Anziehungskraft. Deshalb zieht die Sonne die Planeten an und zwingt sie auf feste Umlaufbahnen.

Ebbe und Flut

Der englische Physiker Newton soll die Schwerkraft entdeckt haben, als ihm – infolge der Schwerkraft! – ein Apfel vom Baum direkt auf den Kopf fiel. Eine viel eindrucksvollere Auswirkung der Schwerkraft kann man an den Meeresküsten beobachten: Auf der Erdseite, die dem Mond zugekehrt ist, steigt das Wasser an, weil es von der Gravitation des Mondes angezogen wird: Flut entsteht. Dort, wo dieses Wasser nun fehlt, sinkt der Meeresspiegel, es herrscht Ebbe.

Die Anziehungskraft des Mondes ist auf der Erde spürbar: durch Ebbe und Flut.

Mehr als 150 Millionen Kilometer liegen zwischen Erde und Sonne.

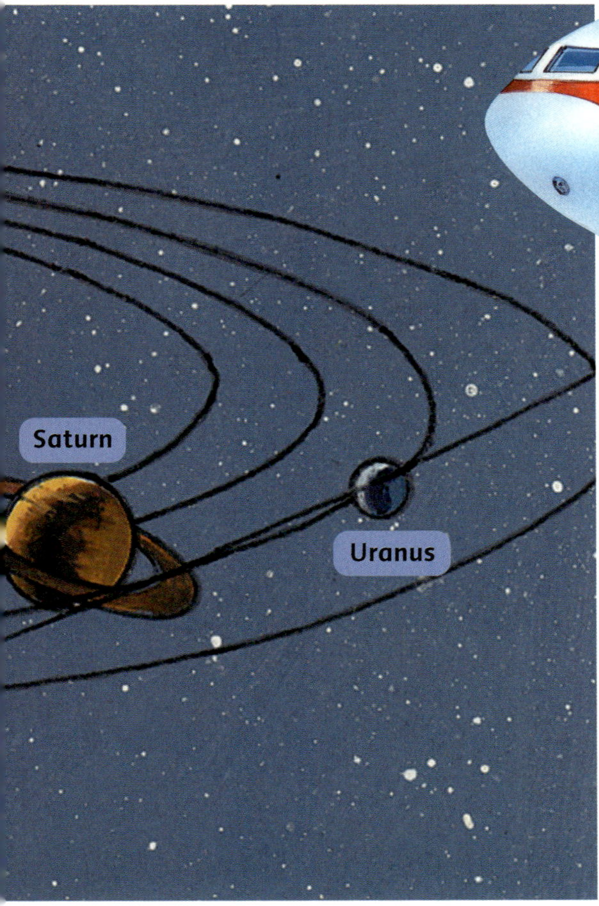

Kaum zu glauben

Der Flug zum nächstgelegenen Stern Proxima Centauri würde mit einem Jumbojet fünf Millionen Jahre dauern.

Sir Isaac Newton (1643–1727)

- englischer Mathematiker und Physiker
- Begründer der klassischen Physik und der exakten Naturwissenschaften
- hat Gravitation erkannt und beschrieben.

Lies mal weiter!
Seite 14, 48, 70
www.expedition.wissen.de
Entfernungen

Ort und Zeit bestimmen

Schon seit frühester Zeit nutzen Menschen Sonne und Mond, um sich im Ablauf der Zeit zu orientieren. Die Steinkreise in Stonehenge (England) könnten vor rund 3500 Jahren unter anderem dazu benutzt worden sein, Sommer- und Winteranfang vorauszusagen.

Taktgeber Sonne und Mond

Unsere Kalender richten sich nach den immer gleichen Bewegungen von Erde, Sonne und Mond: Ein Tag entspricht der Zeit einer Erdumdrehung, ein Jahr der Zeit, in der die Erde einmal um die Sonne kreist, und ein Monat der Zeit von Vollmond zu Vollmond.

Die Jahreszeiten

Während eines Jahres bekommen nicht alle Teile der Erde gleich viel Licht und Wärme. Denn durch die Neigung der Erdachse steht manchmal eine Erdhälfte der Sonne näher als die andere. So kommt es zu den vier Jahreszeiten: Wenn die Nordhalbkugel der Sonne mehr zugeneigt ist, haben wir Sommer. Auf der Südhalbkugel herrscht dann Winter. Umgekehrt haben wir Winter, wenn auf der Südhalbkugel Sommer ist. Im Frühjahr und Herbst sind beide Halbkugeln in etwa gleich zur Sonne geneigt.

Während eines Jahres wechseln auf der Nord- und Südhalbkugel die vier Jahreszeiten.

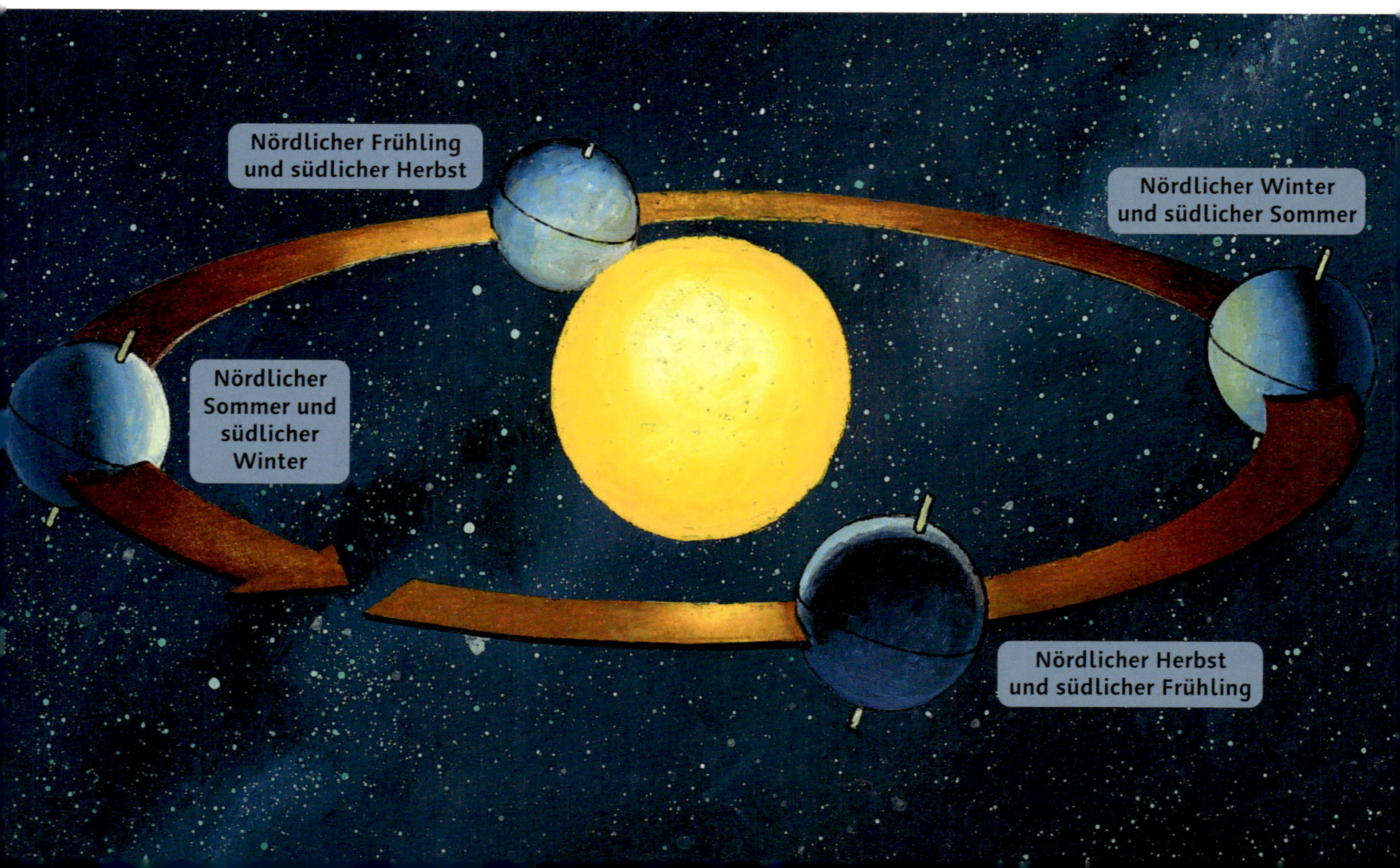

Mit Sternen navigieren

Man kann mithilfe der Sonne den Standort eines Schiffs auf See ganz genau ermitteln. Dazu setzt man als Messinstrument einen Sextanten ein, der den Winkel zwischen Horizont und Sonne misst, wobei der Zeitpunkt der Messung auf die Sekunde genau festgehalten werden muss. Denn die Position der Sonne am Himmel wurde für die „Nautischen Jahrbücher" sekundengenau vorausberechnet.

Mit dem Sextanten kann man anhand von Sonne und Sternen auf See Positionen bestimmen.

Was versteht man unter der Himmelskugel? ➡ Seite 10/11

Welche Phasen hat der Mond? ➡ Seite 50/51

Schon die Römer teilten das Jahr in zwölf Monate.

	Die genaue astronomische Zahl	So wird sie zur besseren Handhabung gerundet
Tag	23 Stunden, 56 Minuten und 4,091 Sekunden	24 Stunden
Monat	29 Tage, 12 Stunden, 44 Minuten und 3 Sekunden	28 (29), 30 oder 31 Tage
Jahr	365 Tage, 5 Stunden, 48 Minuten und 46 Sekunden	365 Tage

Durch die gerundeten Werte für Tage und Jahre entstehen Ungenauigkeiten, die durch den Schalttag (29. Februar) wieder ausgeglichen werden.

Lies mal weiter!
Seite 34, 36, 52
www.expedition.wissen.de
Kalender

Unendliche Weiten

Forscher gehen heute davon aus, dass unser Weltall vor über 15 Milliarden Jahren entstanden ist – mit dem unvorstellbaren Urknall. Seitdem dehnt sich das Universum immer weiter in unermessliche Größenordnungen aus. Es entstanden Milliarden von Galaxien wie unsere Milchstraße, die wiederum jeweils Milliarden von Sternen wie unsere Sonne enthalten können. Und alles bleibt in Bewegung: So jagen Kometen und Meteore durchs All. Eine alte, nie beantwortete Frage ist: Gibt es außer uns noch anderes Leben im Universum?

Wie alles anfing

Dass es eine Geburt unseres Universums gab, glauben heute fast alle Wissenschaftler. Das können sie aus einer Theorie ableiten, mit der viele Erscheinungen unseres Weltalls sehr gut erklärt werden können.

Kaum zu glauben

In der sogenannten Planck-Ära bis 0,0000000000000000000000000000000000000000001 Sekunden nach dem Urknall ist noch alles unvorstellbar klein und heiß.

Der Urknall

Es ist die Urknalltheorie. Danach gab es vor 15 Milliarden Jahren eine unvorstellbar mächtige Explosion. Zuvor passte das Weltall mit seiner ganzen Masse in ein winzig kleines Körnchen. Durch den Urknall dehnte sich die Masse innerhalb von Bruchteilen von Sekunden bis auf kosmische Dimensionen aus.

Aus Staub wurden Sterne

Danach trieb eine riesige Wolke aus Gas und Staubteilchen durch das All. Neue gigantische Explosionen brachten die Teilchen der Wolke in Bewegung. Sie zogen sich zusammen. Dabei erwärmte sich die Wolke und in ihrer Mitte verschmolzen die Staubteilchen. Es entstanden Klumpen aus fester Materie und schließlich die ersten Sterne. Zu ihnen gehörte auch unsere Sonne. Sie entstand rund 10 Milliarden Jahre nach dem Urknall. Das Universum wächst weiter und kühlt dabei ab.

Das Universum aus extrem heißem, gasförmigem Plasma dehnt sich in Sekundenbruchteilen auf gewaltige Dimensionen aus.

Nach etwa 380 000 Jahren entstehen die ersten Atomkerne, die Bausteine aller Materie.

Eine Wolke aus Gas und Staub schwebt durch das immer weiter wachsende Universum.

Nachglimmen des Urknalls

Aus der Urknalltheorie konnten die Forscher auch ableiten, dass es eine kosmische Strahlung geben muss, die Reste des extrem heißen Zustands beim Urknall weitertransportiert. Sie würde also nie ganz erkalten, sondern ewig ein klein wenig nachglimmen. Inzwischen wurde diese Hintergrundstrahlung nachgewiesen.

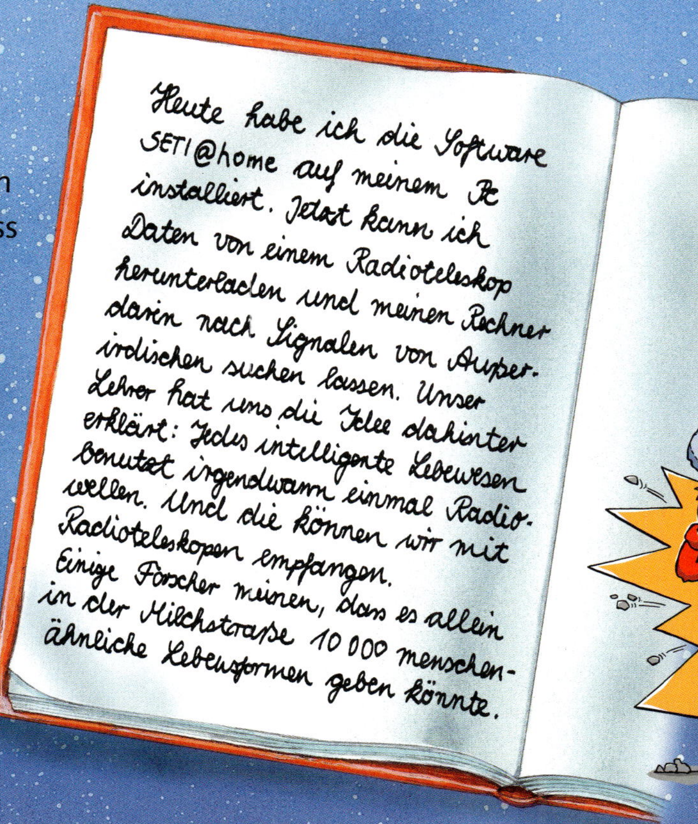

Knack den Code!

4. Was wächst seit dem Urknall immer weiter?
(1. Buchstabe)

200 bis 500 Millionen Jahre nach dem Urknall formen sich die ersten Galaxien.

Nachricht vom Urknall: Zur Erforschung der Hintergrundstrahlung dient der Satellit COBE.

In einigen Regionen des Alls werden aus Gaswolken und Staubteilchen nach etwa 100 Millionen Jahren glühende Kugeln.

Die ersten Sterne leuchten auf.

Lies mal weiter!
Seite 14, 42, 54
www.expedition.wissen.de
SETI

Galaxien

Spiralgalaxien sind abgeflachte Scheiben mit hellen Sternen und Gaswolken in Form von Spiralarmen.

Eine Galaxie ist eine riesige Ansammlung von einigen Hundert Millionen bis einigen Milliarden Sternen, so wie unsere Milchstraße. Die zu einer Galaxie gehörenden Sterne beeinflussen sich gegenseitig durch ihre Schwerkraft und kreisen um ein gemeinsames Zentrum. Es gibt im Weltall ungeheuer viele Galaxien.

Unsere Galaxie und ihre Nachbarn

	Durchmesser in Lichtjahren	Entfernung von der Milchstraße in Lichtjahren
Milchstraße	100 000	–
Große Magellan'sche Wolke	23 000	179 000
Kleine Magellan'sche Wolke	10 000	180 000
Andromedanebel	130 000	2 900 000

Kugeln, Ellipsen, Spiralen …

Auf den ersten Blick sieht man viele Galaxien nur als einen einzigen verschwommenen Fleck. Bei genauerem Hinsehen erkennt man jedoch unterschiedliche Formen: Einige sind kugelförmig und haben einen hellen Kern. Sie werden elliptische Galaxien genannt.

Andere sind spiralförmig mit abgeflachten Scheiben, die viel Gas, Staub und Molekülwolken enthalten, aus denen Sterne entstehen. Oft liegen helle junge Sterne und Gaswolken in den langen Spiralarmen.

… oder Wagenräder

Wieder andere Galaxien haben keine bestimmte äußere Form. Oder sie sehen sehr auffällig aus, zum Beispiel wie ein Wagenrad.

Offene Haufen haben keine bestimmte Form.

Elliptische Galaxien finden sich im Universum am häufigsten.

Mit bloßem Auge kann man den Andromedanebel sehen: die der Milchstraße am nächsten gelegene Spiralgalaxie.

Die Lokale Gruppe

Unser Sonnensystem ist Teil der Galaxie Milchstraße. Sie gehört mit vielen anderen Galaxien, zum Beispiel dem Andromedanebel, zur Lokalen Gruppe. Der Andromedanebel ist so groß, dass wir ihn am sehr dunklen Nachthimmel mit bloßem Auge erkennen können. Er ist weit über zwei Millionen Lichtjahre von der Erde entfernt.

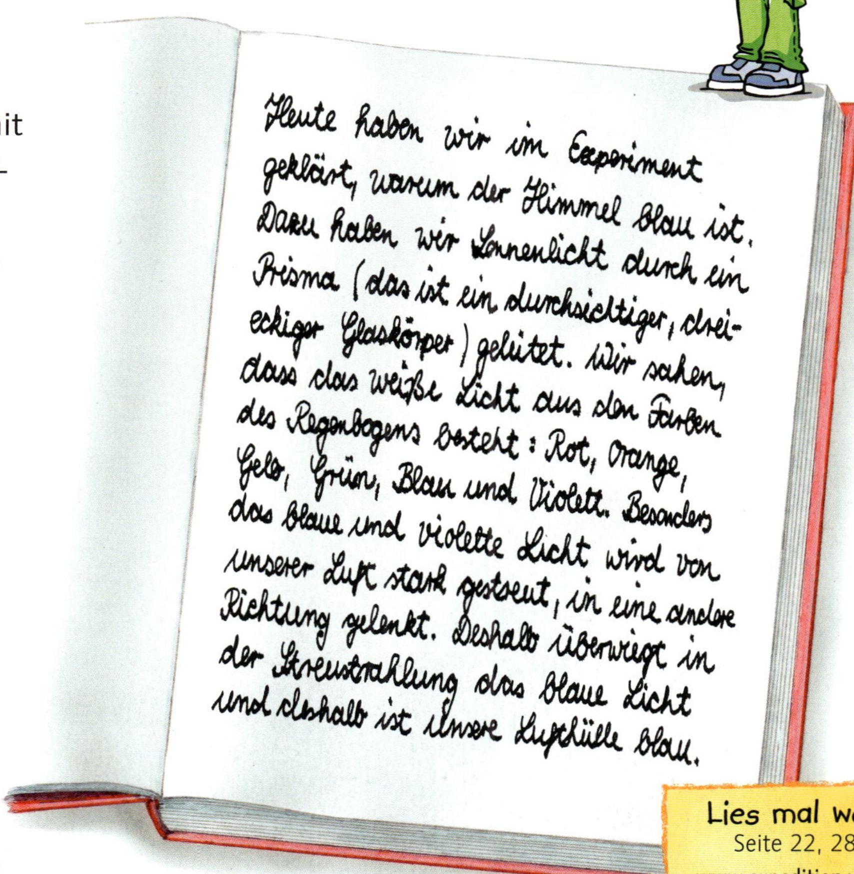

Was ist ein Lichtjahr?
➡ Seite 16/17
Wie entstehen Sterne?
➡ Seite 32/33

Lies mal weiter!
Seite 22, 28, 38
www.expedition.wissen.de
Galaxie

Unsere Milchstraße

In klaren Nächten kann man die Sterne am Himmel kaum zählen. Und doch sehen wir immer nur eine winzige Auswahl aus den über 100 Milliarden Sternen, die unsere Milchstraße bilden.

Ein milchiges Band

Ihren Namen verdankt die Milchstraße ihrem Aussehen: Am nächtlichen Sternenhimmel erscheint sie uns wie ein milchig leuchtendes Band. Wir sehen aber die Milchstraße von der Seite. Von oben betrachtet sieht die Milchstraße nämlich aus wie eine Scheibe mit einem bauchigen Zentrum.

Eine Spiralgalaxie

Die Milchstraße ist also keine „Bandgalaxie", sondern eine Spiralgalaxie. Ihr Durchmesser beträgt rund 100 000 Lichtjahre. Sie hat mindestens zwei größere Arme, die aus Nebeln und bläulich weißen Sternen bestehen. Ältere, gelbe und rote Sterne befinden sich im Kern der Galaxie.

Unser Planet liegt auf einem der Spiralarme, etwa 30 000 Lichtjahre vom Zentrum entfernt. Vor Kurzem stellten Astronomen fest, dass sich im Zentrum ein massereiches Objekt befinden muss, vielleicht ein Schwarzes Loch.

Wir sehen die Milchstraße von der Seite als Band, das über den Himmel zieht.

Die Milchstraße von oben betrachtet: eine Spiralgalaxie mit bauchigen Zentrum

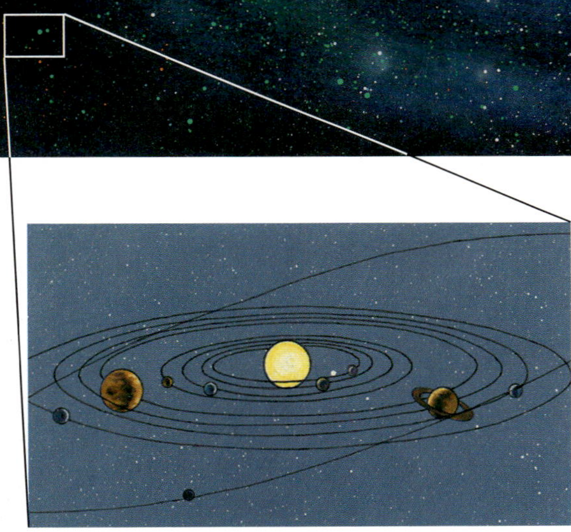

Unser Platz in der Milchstraße

Unser Platz im All

Um uns im Weltall zu orientieren, ist für uns die Sonne ein wichtiger Bezugspunkt. Sie liegt 150 Millionen Kilometer von der Erde entfernt. Rund 100 000-mal so weit ist es bis an die Grenze der Milchstraße. Innerhalb der Milchstraße ist unser Sonnensystem aber nur ein winziger Fleck. Die Milchstraße ist Teil der sogenannten Lokalen Gruppe. Zu ihr gehören mehr als 40 Galaxien. Die Lokale Gruppe ist Teil eines „Superhaufens" von mehr als Zehntausenden Sterneninseln. Und dies ist erst unsere nähere Umgebung im All! Unser Sonnensystem – und damit unsere Erde – ist nur ein sehr, sehr winziges Teilchen im Weltall.

Die Milchstraße

- Alter: 12–15 Milliarden Jahre
- Anzahl der Sterne: ca. 100 Milliarden Sterne
- Durchmesser: 100 000 Lichtjahre

Wo erbaut man Sternwarten? ➡ Seite 14/15
Was sind Schwarze Löcher? ➡ Seite 42/43

Lies mal weiter!
Seite 10, 24, 48

Kometen und Meteore

Knack den Code!

5. Was zieht ein Komet hinter sich her?
(2. Buchstabe)

Kometen sind Überreste aus der Zeit, als unser Sonnensystem entstand. Sie bestehen aus Eis und gefrorenen Gasen, vermischt mit Gesteinsbrocken, Metall und Staub. Kometen zählen zu den Kleinkörpern im All.

Schmutzige Schneebälle

Im Prinzip sind Kometen riesige, schmutzige Schneebälle. Ihre Umlaufbahnen um die Sonne liegen auch am Rande des Sonnensystems. Bis ein Komet in die Nähe der Sonne gelangt, können Millionen Jahre vergehen.

Ein riesiger Schweif

Dann verdampft die äußere Eisschicht in der Sonnenhitze. Sie wird von seinem Kern weggeschleudert, zusammen mit festen Teilchen. Diese Teilchen bilden den Schweif des Kometen. Er kann mehrere Millionen Kilometer lang sein.
Man kann einen Kometen immer über mehrere Nächte und manchmal sogar über Monate beobachten. Ein

Kaum zu glauben

Forscher vermuten, dass die Dinosaurier nach dem Einschlag eines Riesenmeteoriten auf die Erde ausgestorben sind.

Der Schweif eines Kometen kann viele Millionen Kilometer lang sein.

wiederkehrender Komet ist der bekannte Halleysche Komet, der alle 76 Jahre am Himmel zu sehen ist.

Meteorströme

Datum	Name des Meteorstromes	Ort
06.05.	Aquariden	im Wassermann
09.–14.08.	Perseiden	im Perseus
20.10.	Orioniden	im Orion
15.–19.11.	Leoniden	im Löwen
10.–12.12.	Geminiden	in den Zwillingen

Meteore ...

Wenn Gesteinsbrocken, wie zum Beispiel die vielen Miniplaneten zwischen Mars und Jupiter, im All zusammenprallen, zerbersten sie. Die Einzelteile verlassen dann ihre Bahn und werden in alle Richtungen geschleudert. Sie haben meist nur einen Durchmesser von höchstens einigen Metern. Wenn diese auf die Erdatmosphäre treffen, verdampfen sie glühend. Wir sehen sie dann als helle Lichtspuren über den Himmel huschen und nach wenigen Sekunden wieder erlöschen. Diese Sternschnuppen nennen Astronomen Meteore.
Es gibt wiederkehrende Meteorströme. Man kann sie jedes Jahr zu festen Zeiten am Himmel beobachten.
Größere Gesteinsbrocken kann die Atmosphäre aber nicht abhalten.

... und Meteoriten

Diese Brocken verglühen nicht, sondern fallen irgendwo auf die Erdoberfläche. Man nennt sie Meteoriten. Der bisher größte Meteorit wurde in Namibia gefunden und wiegt rund 55 Tonnen.

Wer eine Sternschnuppe sieht, darf sich etwas wünschen – aber nicht verraten, was!

Was tun, wenn man mit dem Wünschen gar nicht mehr hinterherkommt?

Meteoriten bestehen aus Eisen oder Stein oder aus einer Mischung von beidem.

Lies mal weiter!
Seite 12, 14, 38
www.expedition.wissen.de
Meteor

Sonne und andere Sterne

Es ist das „Kraftwerk Sonne", das auf unserer Erde das Leben überhaupt erst möglich macht. Doch wie entsteht eigentlich ein Stern? Und wie verglüht er? Auch die Sonne wird irgendwann verglühen, aber bis dahin vergeht noch sehr viel Zeit. Inzwischen kann man anderen Sternen dabei zuschauen, wie sie „sterben" – etwa als Weißer Zwerg oder Roter Riese. Oder man kann faszinierende Sonnenfinsternisse und Protuberanzen beobachten. Oder die Sternbilder betrachten, die schon die alten Griechen entdeckt und benannt haben.

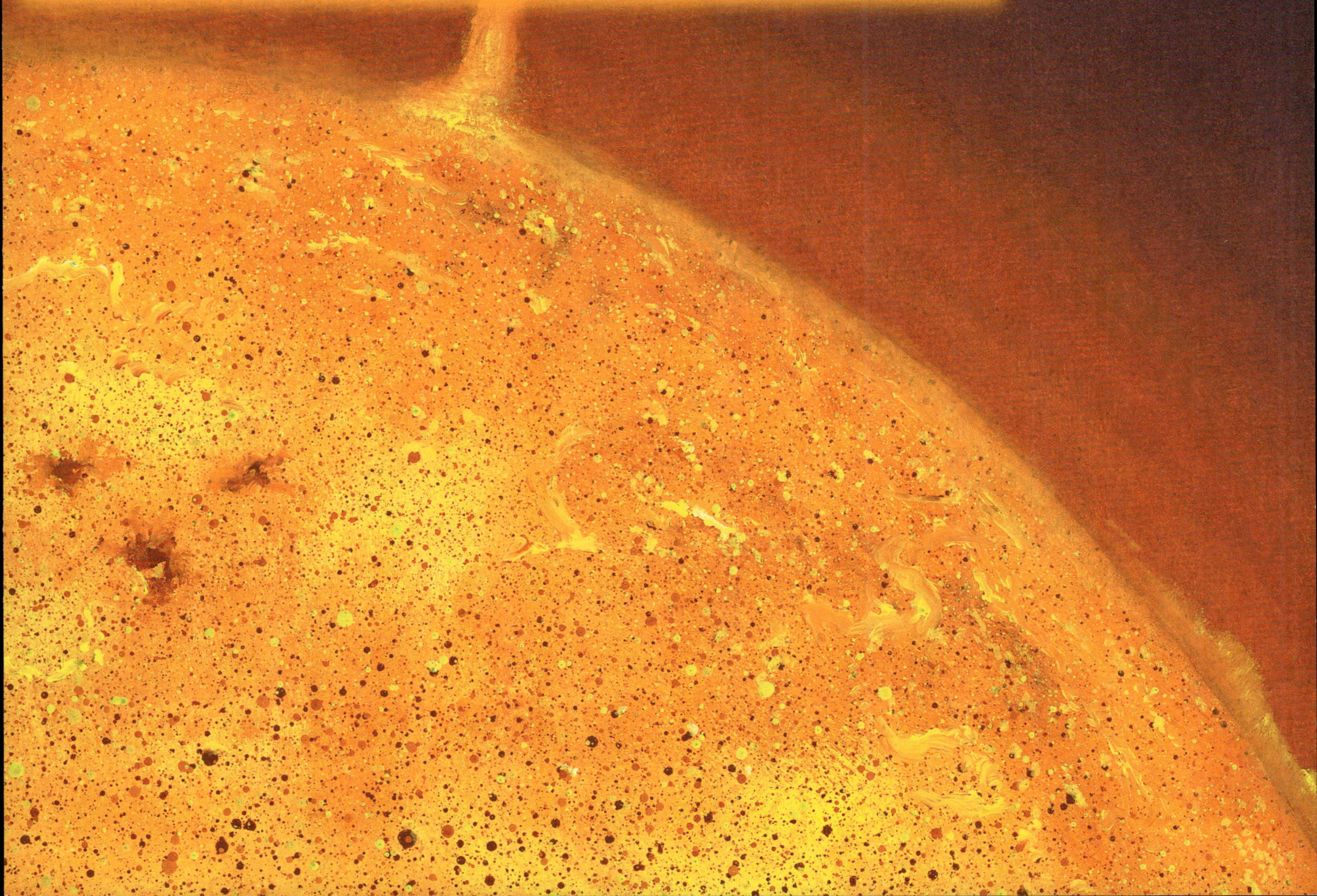

Glitzernde Sterne

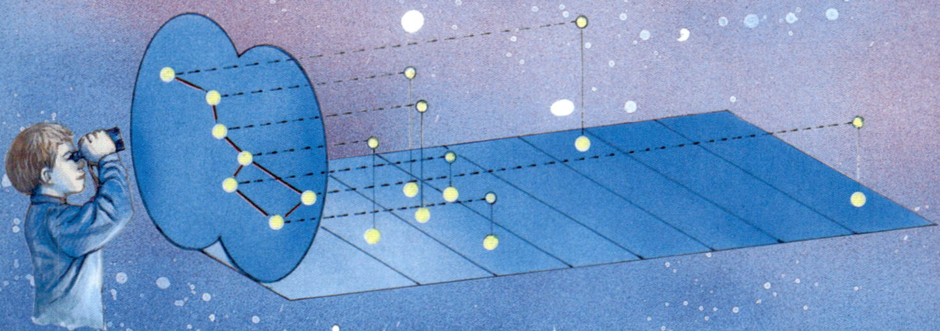

Auf den ersten Blick sieht es so aus, als wären alle Sterne gleich weit entfernt. Das stimmt aber nicht, wie der Große Wagen zeigt.

Der Stern, über den wir am meisten wissen, ist unsere Sonne. Sicher sehen sehr viele andere Sterne ähnlich aus. Aber es gibt auch bedeutende Unterschiede, vor allem in Größe und Temperatur der Sterne sowie in ihrer Helligkeit und Farbe. Und in ihrer Entfernung zu uns, wobei wir die nicht ohne Weiteres erkennen können.

Wirbelnde Gaswolken

Überall in unserer Galaxis treiben riesige Mengen an Staub und Gas. Wo sie sich zusammenballen, entstehen sogenannte Nebel. Wenn in diesen riesigen, wirbelnden Gaswolken das Gas-Staub-Gemisch immer stärker zu Klumpen gepresst wird, ballen sich diese zusammen und werden immer heißer.

Protosterne

Protosterne sind Frühformen der Sterne. Sie leuchten noch nicht mit voller Kraft, eher glimmen sie. Sie sind von einer Gas-Staub-Hülle umgeben. Sobald diese sich schnell dreht, entsteht daraus allmählich eine Scheibe, aus der sich später Planeten bilden können.

Bis ein Stern zu leuchten anfängt, vergehen mehrere Millionen Jahre.

Eine Gaswolke zieht sich zusammen.

Ein Protostern entsteht.

Seine Gashülle verdichtet sich zu einer Scheibe.

Die Planeten ballen sich zusammen.

Die Verschmelzung im Kern beginnt: Der Stern ist geboren.

Unendlich viele Sterne – und trotzdem nachts so dunkel?

Das Universum enthält doch unendlich viele Sterne, oder nicht?
Prof. Kosmos: Genau.
Aber müsste es dann nicht immer hell sein, auch nachts?
Prof. Kosmos: Gute Frage. Das Licht der Sterne aus mehreren Milliarden Lichtjahren Entfernung konnte noch gar nicht bei uns ankommen. Es hat dazu einfach noch nicht genug Zeit gehabt. So scheinen bei uns nur endlich viele Sterne. Und nachts ist es dunkel.

Knack den Code!

6. Aus welchen verschmelzenden Teilchen entsteht Helium?
(3. Buchstabe)

Kaum zu glauben

Unsere Sonne wäre in 30 Lichtjahren Entfernung kaum mehr sichtbar. Sie ist im Vergleich zu extrem hellen Sternen wie Rigel oder Beteigeuze also eher eine kleine Funzel.

Ein Stern fängt an zu leuchten

Wenn sich die Teilchen noch weiter zusammenziehen, entstehen hoher Druck und enorme Hitze. Dadurch verschmelzen die Wasserstoffteilchen im Innern zu Helium. Ein leuchtender Stern ist entstanden.

Sterne und ihre Namen

Arabische Astronomen gaben vor ungefähr tausend Jahren vielen Sternen Namen, zum Beispiel Beteigeuze (Schulter), Aldebaran (der Folgende) oder Rigel (Fuß). Aber nur die auffälligen Sterne bekamen Namen.

Helle bekannte Sterne

Name des Sterns	Entfernung zur Sonne in Lichtjahren
Sirius	8,65
Alpha Centauri	4,38
Rigel	900
Beteigeuze	310
Aldebaran	69

Lies mal weiter!
Seite 10, 38, 42
www.expedition.wissen.de
Sterne

Kraftwerk Sonne

Unsere Sonne ist eine extrem heiße, hell leuchtende Gaskugel – wie viele andere Sterne auch. Was sie so besonders macht: Ohne sie gäbe es auf unserer Erde kein Leben. Sie spendet uns Licht und Wärme.

Heißer als ein Ofen

All das Sonnenlicht, das wir empfangen, wird von der äußeren Hülle, der Fotosphäre, abgestrahlt. Hier herrschen rund 5500 Grad Celsius. Das ist fast 3-mal so heiß wie in einem Hochofen, in dem Eisen geschmolzen wird. Eine Pizza bräuchte hier zum Backen wohl nur den Bruchteil einer Sekunde.

Kern der Extreme

Weiter innen in der Sonne wird es immer heißer. Im Kern brodeln bis zu 15 Millionen Grad Celsius! Hier ist der „Motor" der Sonne: Durch die extreme Hitze wird der Wasserstoff, aus dem die Sonne zum Großteil besteht, in Helium umgewandelt. Dabei wird viel Energie freigesetzt, die dann nach außen dringt und über die Fotosphäre abgestrahlt wird. Wasserstoff ist übrigens ein Bestandteil des Wassers und Helium nutzt man für Ballone.

Flecken und Protuberanzen

An der Oberfläche der Sonne ist es nicht überall gleich heiß: Manche Stellen haben eine Temperatur von „nur“ rund 4000 Grad Celsius. Diese Stellen kann man als dunkle Flecken auf der Sonne sehen: die Sonnenflecken. Sie verändern sich ständig. Eine Protuberanz sieht aus wie eine riesige Stichflamme, die von der Sonnenoberfläche emporschießt.

Licht, das aus der Fotosphäre mit 5500 Grad Celsius stammt, ermöglicht alles Leben auf der Erde.

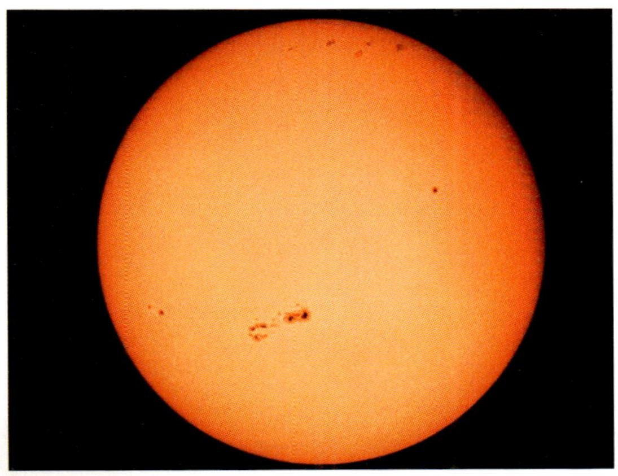

An den Sonnenflecken ist die Sonne weniger heiß.

Welche Planeten umkreisen die Sonne? ➡ Seite 48/49
Wie unterstützt die Sonne den Wasserkreislauf? ➡ Seite 46/47

Lies mal weiter!
Seite 16, 32, 48

Die Sonne beobachten

Noch mehr als Sonnenflecken und Protuberanzen faszinieren uns an der Sonne die Finsternisse.

Sonnenfinsternis

Die Erde dreht sich auf einer Umlaufbahn um die Sonne und der Mond auf einer kleineren Umlaufbahn um die Erde. Manchmal schiebt sich der Mond genau zwischen Sonne und Erde. Wo der Kernschatten des Mondes auf die Erde fällt, ist die Sonne verdeckt. Man spricht von einer totalen Sonnenfinsternis, kurz „Sofi".

Teilweise und ringförmig

Es kann auch passieren, dass der Kernschatten des Mondes nicht auf die Erde fällt. Dann ist überall, wo der Halbschatten des Mondes hinfällt, eine partielle (teilweise) Sonnenfinsternis zu sehen.
Und wenn der Mond während einer Sonnenfinsternis ziemlich weit von der Erde entfernt ist, kann er die Sonne nicht ganz verdecken: Dann sieht man im Kernschattenbereich eine ringförmige Finsternis.

Totale Sonnenfinsternis

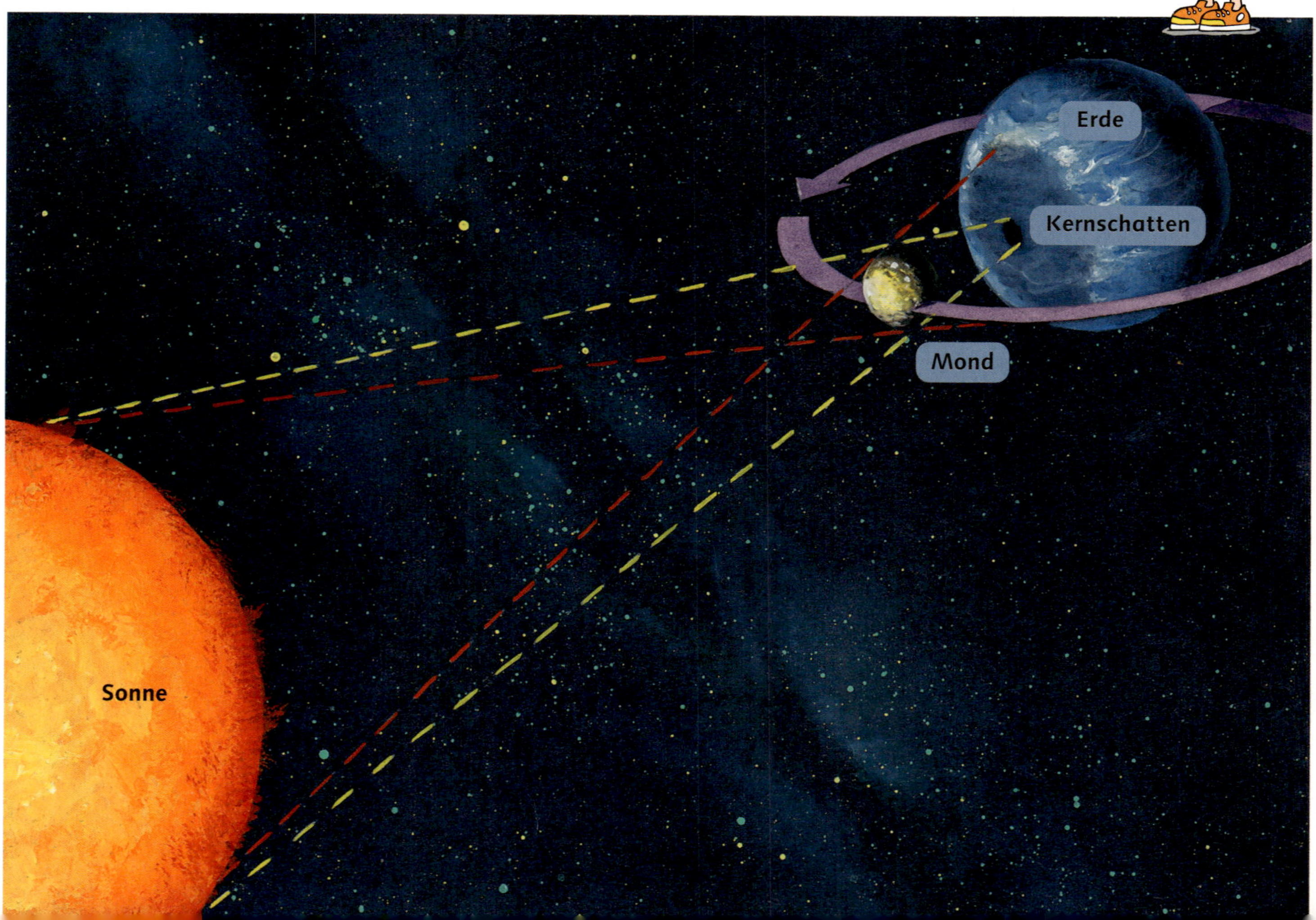

Knack den Code!

7. Wie wird eine teilweise Sonnenfinsternis noch genannt?
(1. Buchstabe)

Bei einer totalen Sonnenfinsternis ist nur noch ein Lichtkranz um die Sonne zu sehen: die Korona.

Nie ohne Schutzbrille!

Die Sonne zu beobachten ist spannend, aber auch sehr gefährlich. Man kann sich, wenn man direkt in die Sonne schaut, sehr schwer verletzen: Die Sonnenstrahlung ist so stark, dass sie die Netzhaut des Auges verbrennen kann – bis zur Erblindung. Noch schneller passiert das, wenn man durch Fernglas oder Fernrohr schaut, weil diese das Licht bündeln.
Bei der Beobachtung der Sonne sind deshalb strenge Sicherheitsmaßnahmen zu beachten. Vor allem: Nie direkt ins Sonnenlicht schauen. Immer eine gute Schutzbrille tragen!

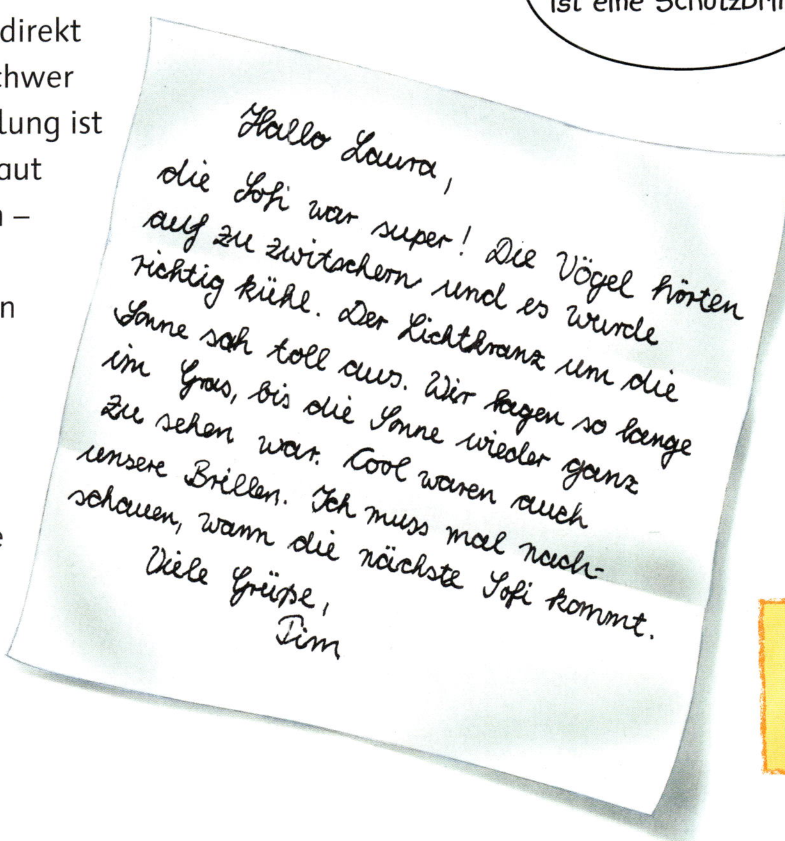
Hallo Laura,
die Sofi war super! Die Vögel hörten auf zu zwitschern und es wurde richtig kühl. Der Lichtkranz um die Sonne sah toll aus. Wir lagen so lange im Gras, bis die Sonne wieder ganz zu sehen war. Cool waren auch unsere Brillen. Ich muss mal nachschauen, wann die nächste Sofi kommt.
Viele Grüße,
Tim

Lies mal weiter!
Seite 12, 34, 50
www.expedition.wissen.de
Sonnenfinsternis

Sternbilder

Schon vor über 2000 Jahren erkannten die Griechen am Sternhimmel gleich bleibende Muster: die Sternbilder.

Sternbild Großer Wagen

Namen der Sternbilder

Viele Namen unserer Sternbilder wurden den griechischen Sagen entnommen, wie Perseus, Andromeda, Herakles oder der Jäger Orion. Allerdings sind die Bilder, die die Griechen damals in den Sternmustern sahen, meist fast nicht zu erkennen. Unter dem Großen Wagen könnte man sich auch etwas anderes vorstellen. Aber viele Namen haben sich einfach eingebürgert.

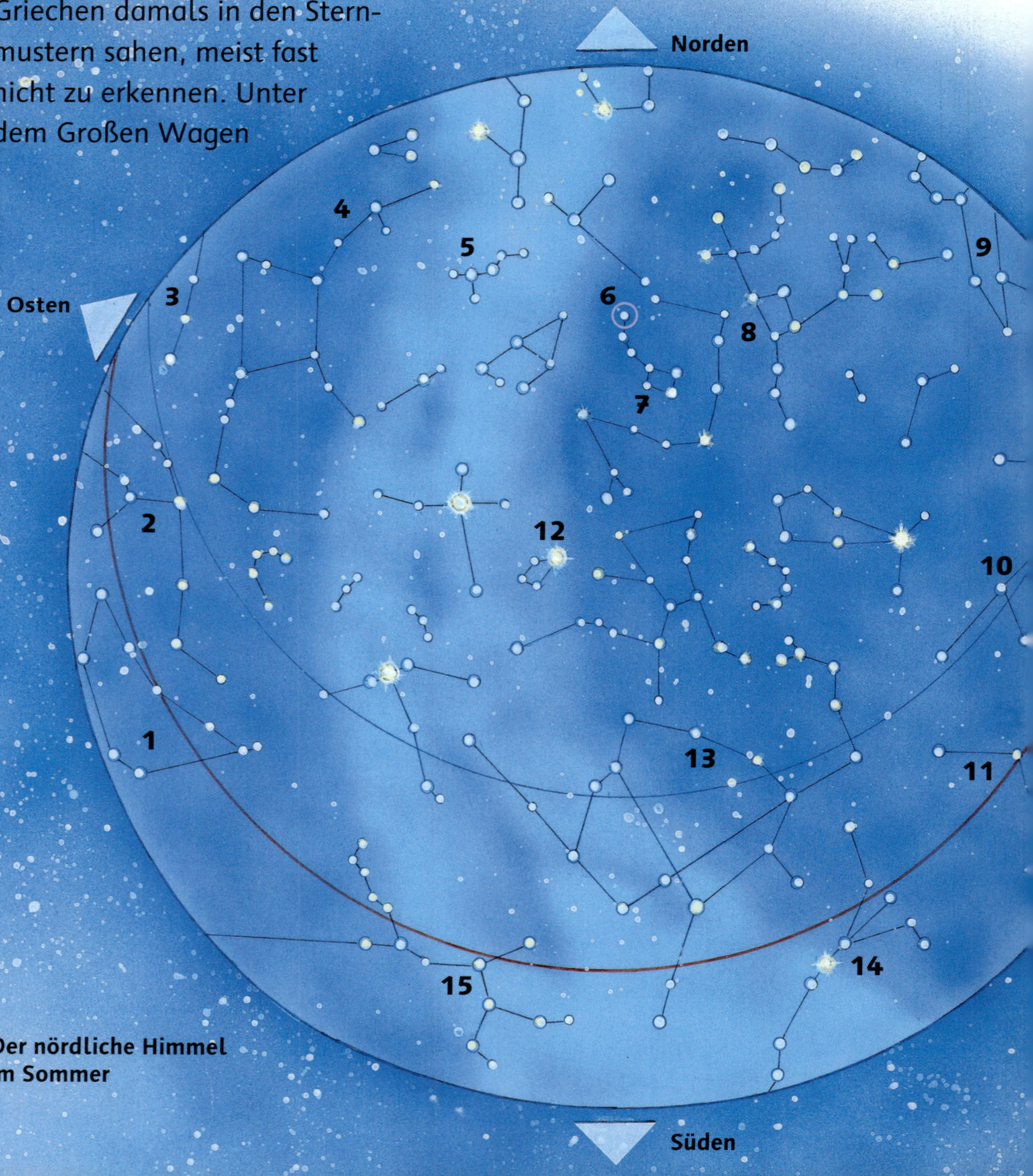

1 Steinbock
2 Wassermann
3 Fische
4 Andromeda
5 Cassiopeia
6 Polarstern
7 Kleiner Wagen
8 Großer Wagen
9 Löwe
10 Jungfrau
11 Waage
12 Leier
13 Schlangenträger
14 Skorpion
15 Schütze

Um zum Beispiel den nördlichen Himmel zu sehen, das Buch so drehen, dass der Pfeil „Nord“ auf dem Bild unten steht.

Der nördliche Himmel im Sommer

Keine klaren Linien

Ob man ein Sternbild sehen kann, hängt von den gedachten Linien zwischen den Sternen ab. Leider werden diese nicht in allen Sternkarten gleich angegeben. So werden bei gröberen Karten die weniger auffälligen Sterne eines Sternbildes einfach weggelassen.

Wegweiser am Himmel

Noch heute benutzen wir die Sternbilder als Orientierungshilfe. So kann man den Andromedanebel zum Beispiel gut mit dem Fernglas finden, wenn man weiß, wo das Sternbild Andromeda liegt und wo darin der Andromedanebel. Dazu benutzt man einen Sternatlas.

Ständige Begleiter

Alle Sternbilder im Umkreis des Himmelsnordpols kann man bei uns das ganze Jahr sehen. Am nördlichen Sternhimmel hilft uns bei der Orientierung der Große Wagen, weil er uns zum Polarstern führt.

Im Sternbild Andromeda liegt eine ganze Galaxie: der Andromedanebel.

Kaum zu glauben

Die Indianer Nordamerikas sahen im Sternbild Großer Wagen eine große Suppenkelle. Noch heute heißt er im Englischen so: Big Dipper.

Was ist Astrologie? ➡ Seite 40/41
Wer war Galileo Galilei? ➡ Seite 12/13

Westen

Sternatlanten enthalten Stern- und Aufsuchkarten zum Beobachten des Nachthimmels.

Lies mal weiter!
Seite 10, 18, 52
www.expedition.wissen.de
Sternbilder

Die Tierkreiszeichen

Sternzeichen im Überblick

- Fische 20.02.–20.03. ♓
- Widder 21.03.–20.04. ♈
- Stier 21.04.–20.05. ♉
- Zwillinge 21.05.–20.06. ♊
- Krebs 21.06.–22.07. ♋
- Löwe 23.07.–23.08. ♌
- Jungfrau 24.08.–23.09. ♍
- Waage 24.09.–23.10. ♎
- Skorpion 24.10.–22.11. ♏
- Schütze 23.11.–21.12. ♐
- Steinbock 22.12.–20.01. ♑
- Wassermann 21.01.–19.02. ♒

Normalerweise müssten solche Sternbilder wie der Große Wagen am bekanntesten sein. Aber Fische, Löwe und Jungfrau sind mindestens ebenso bekannt.

Die zwölf Sternzeichen

Und das, obwohl sie ganz unscheinbar sind. Aber sie gehören zu den Sternbildern des Tierkreises. Die Astrologie hat aus den zwölf Sternbildern des Tierkreises die Sternzeichen gemacht. Viele Menschen glauben, dass sie eine große Bedeutung haben.

Die Ekliptik

Was ist an diesen Sternbildern so besonders? Sie liegen alle auf der Bahn, auf der sich die Sonne im Laufe eines Jahres zu bewegen scheint, auf der Ekliptik. Der Tierkreis ist also ein Band von Sternbildern entlang der Ekliptik.

Mit Fischen geht es los

Das erste Sternbild des Tierkreises sind die Fische. Sie befinden sich beim Frühlingspunkt, also dort, wo die Sonne am Frühlingsanfang den Himmelsäquator schneidet.

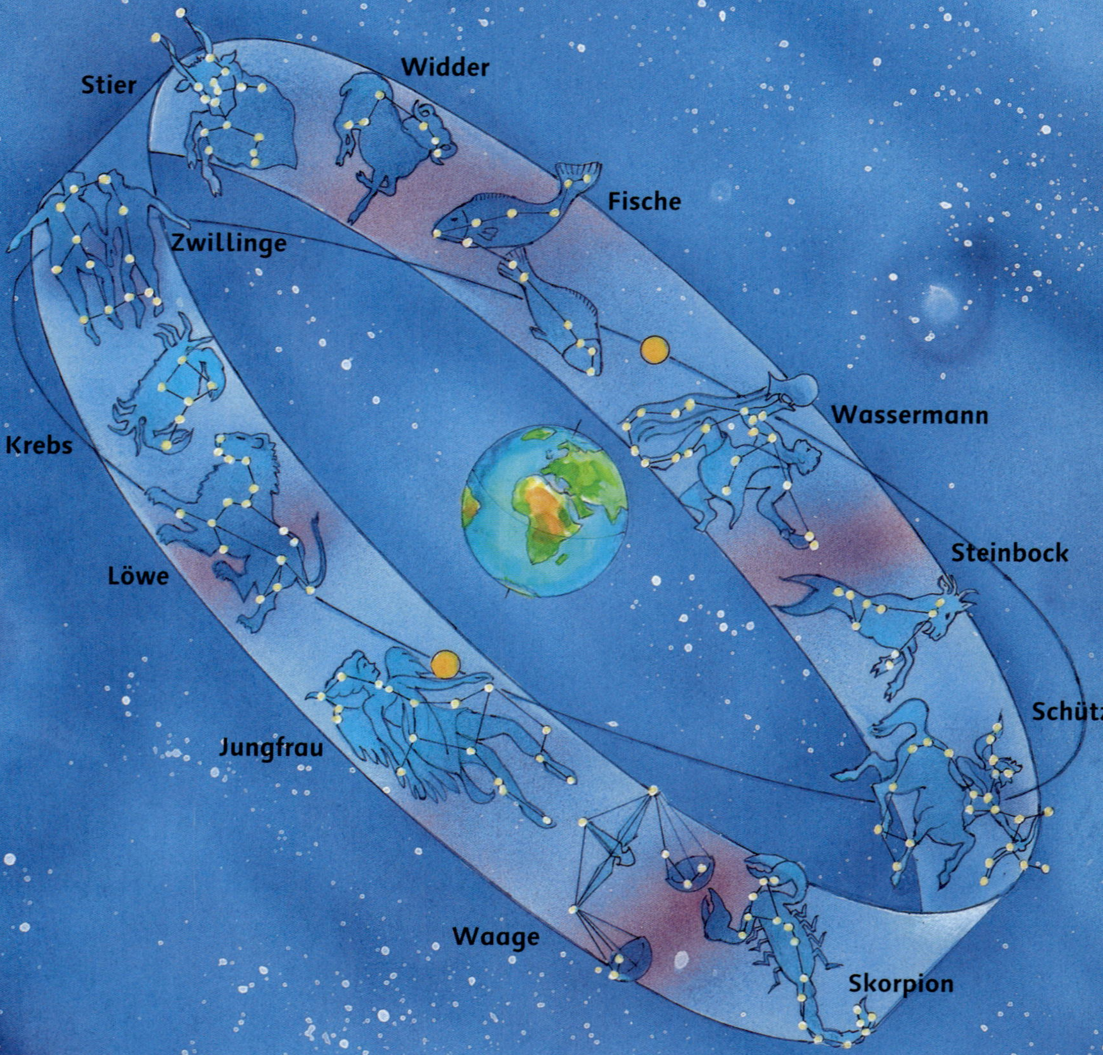

Die Sternbilder liegen auf der Ekliptik: Das ist die Bahn, auf der sich die Sonne im Jahreslauf zu bewegen scheint.

Wer sagt eigentlich, dass man sich nicht seine eigenen Sternbilder basteln kann?

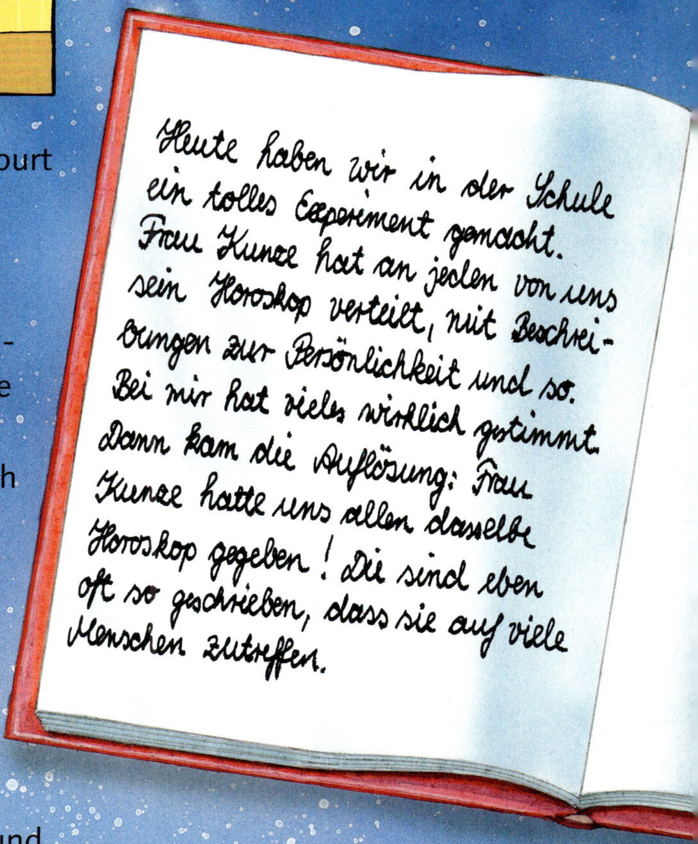

Astronomie und Astrologie – nicht dasselbe!

Diese beiden Begriffe werden manchmal verwechselt, dabei meinen sie ganz Unterschiedliches: Astronomie ist die naturwissenschaftliche, physikalische Erforschung des Kosmos, die die Gesetzmäßigkeiten der Sterne beobachtet und verstehen will. Astrologie beschäftigt sich mit dem Einfluss der Sterne auf das Leben der Menschen und versucht damit, Schicksale zu deuten.

Aber gleich alt!

Astronomie und Astrologie sind wohl ungefähr gleich alt. Der Sternhimmel galt schon den alten Griechen als etwas Göttliches. Vom Stand der Sterne bei der Geburt eines Menschen wollte man auch Erkenntnisse über sein Wesen gewinnen und Ereignisse in seinem Leben voraussagen. Noch heute glauben viele Menschen an Horoskope, auch wenn es keine wissenschaftlichen Beweise gibt, dass sie sinnvoll und richtig sind.

Wie findet man den Polarstern? ➡ Seite 10/11
Was sind Sternschnuppen? ➡ Seite 28/29

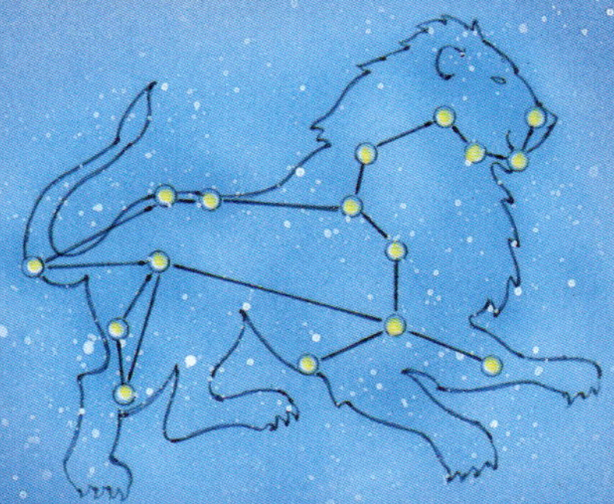

Das Sternbild Löwe ist besonders gut im Frühling am Sternhimmel zu sehen.

Lies mal weiter!
Seite 12, 22, 38

Von Riesen und Zwergen

Knack den Code!

8. Was wird aus einem Überriesen?
(3. Buchstabe)

Wenn der Wasserstoffvorrat eines Sterns aufgebraucht ist, beginnt eine dramatische Phase. Bei unserer Sonne wird es in etwa fünf Milliarden Jahren so weit sein. Der Stern kühlt dann an der Oberfläche ab und bläht sich auf: Er wird zu einem Roten Riesen.

Weißer Zwerg

Anschließend kann der Stern für einige Millionen Jahre abwechselnd kleiner und wieder größer werden. Danach fällt er in sich zusammen und wird zu einem sehr heißen, aber nur schwach leuchtenden Weißen Zwerg, der noch eine lange Lebenszeit hat. Er kühlt ganz allmählich ab. Er kann kleiner sein als die Erde, dabei aber die Masse der Sonne haben. Das heißt: Ein nussgroßes Stück des Weißen Zwergs wiegt so viel wie ein beladener Lkw!

Roter Überriese

Ein Stern, der etwa 8-mal so schwer wie die Sonne ist, wird nicht zu einem Weißen Zwerg, sondern kann zu einem Roten Riesen werden. Er bläht sich dann zum 2700-fachen Sonnendurchmesser auf. Seine Dichte ist aber so gering, dass man durch ihn hindurchsehen könnte.

Der Stern bläht sich auf.

Der Rote Riese wird größer und kühlt ab.

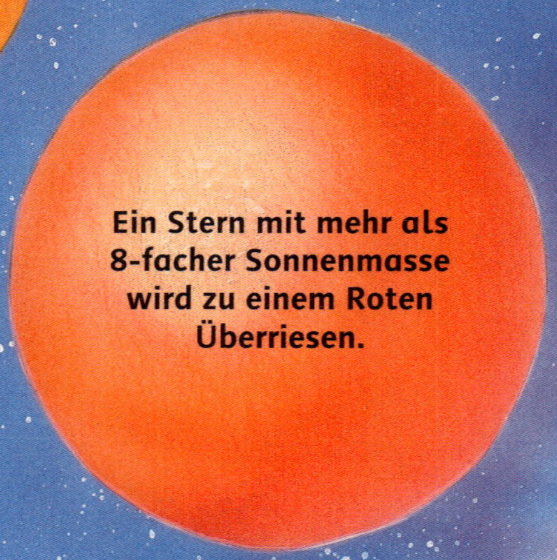

Ein Stern mit mehr als 8-facher Sonnenmasse wird zu einem Roten Überriesen.

Der Überriese explodiert in einer Supernova.

Neutronenstern

Schwarzes Loch

Schwarze Löcher

Ein Roter Riese stirbt schließlich in einer gewaltigen Explosion, einer Supernova. Von dem Stern bleibt nur ein winziger Rest: entweder ein Neutronenstern mit 20 Kilometer Durchmesser oder ein Schwarzes Loch. Schwarze Löcher sind noch viel winziger, viel dichter. Und ihre ungeheure Schwerkraft schluckt alles, was ihnen zu nahe kommt. Der Begriff „Schwarzes Loch“ soll ausdrücken, dass sogar das sichtbare Licht von einem Schwarzen Loch „verschluckt“ wird. Und ohne Licht ist alles dunkel, eben schwarz.

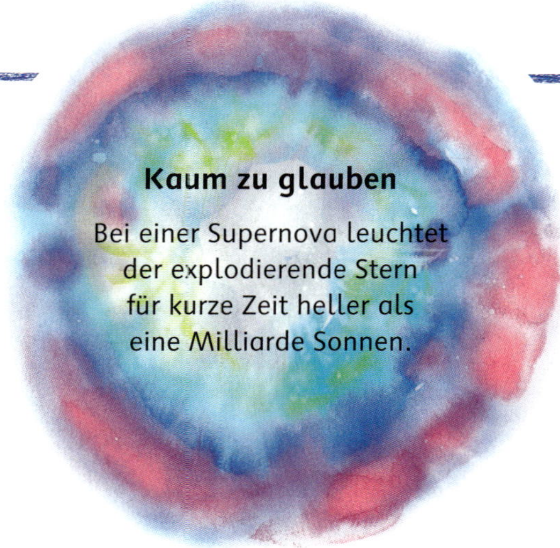

Kaum zu glauben

Bei einer Supernova leuchtet der explodierende Stern für kurze Zeit heller als eine Milliarde Sonnen.

Die erste Supernova nach 383 Jahren

24. Februar 1987 – Wissenschaftler haben jetzt in einer Nachbargalaxie, der Großen Magellan'schen Wolke, mit dem Hubble-Weltraumteleskop eine Supernova entdeckt: die erste seit 1604! Sie trägt den Namen 1987A. Der auslösende Stern war Teil eines Systems von drei Sonnen. Sein Alter zum Zeitpunkt der Explosion wird auf „nur“ etwa 20 Millionen Jahre geschätzt.

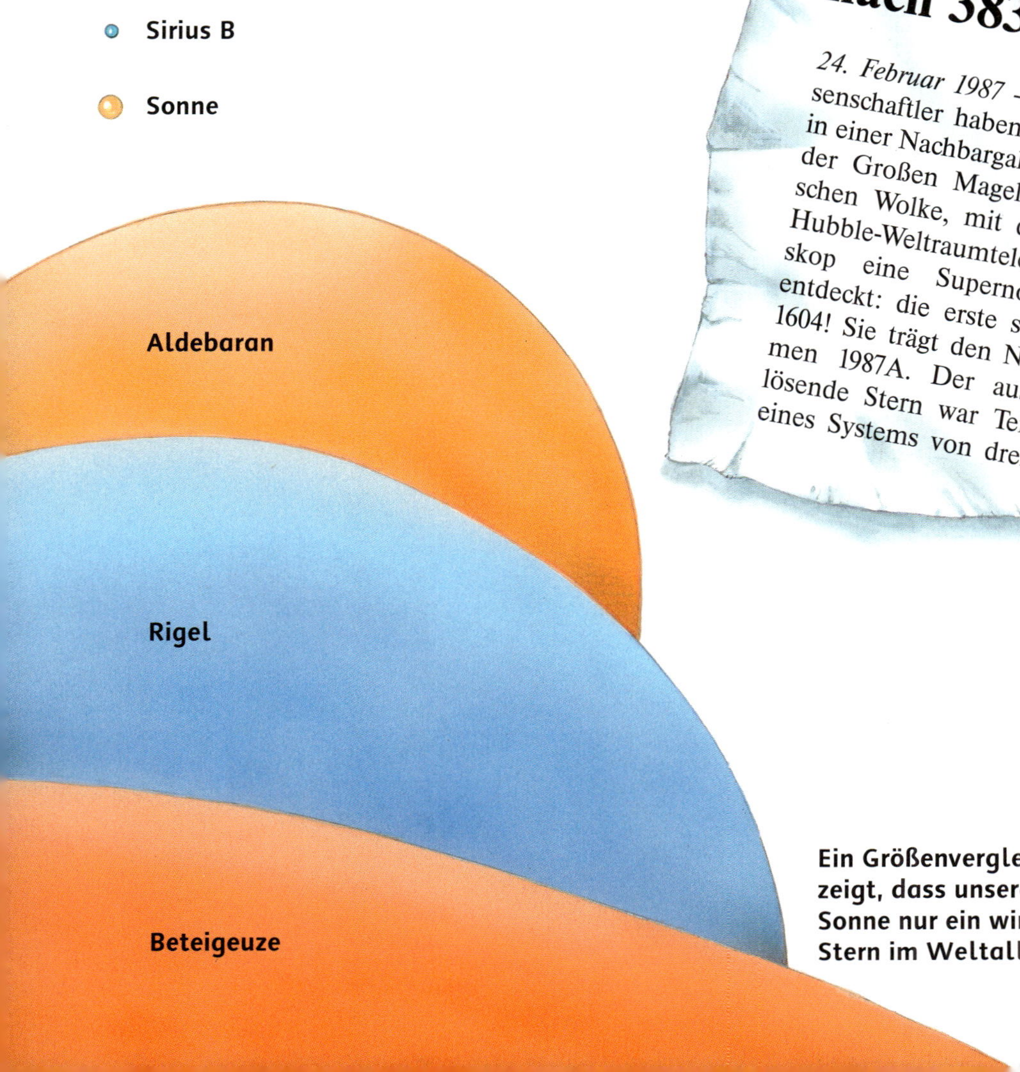

Ein Größenvergleich zeigt, dass unsere Sonne nur ein winziger Stern im Weltall ist.

Lies mal weiter!
Seite 14, 22, 32
www.expedition.wissen.de
Schwarzes Loch

Unser Planetensystem

Verglichen mit einer Galaxie ist unser Sonnensystem winzig. Um aber zum Beispiel Pluto am Rand des Sonnensystems zu erreichen, bräuchte man mit einem Raumfahrzeug doch immerhin 30 Jahre. Zu unserem Sonnensystem gehören acht Planeten, deren Monde, die Zwergplaneten und die viel kleineren Planetoiden. Besonders interessant ist der Mond, da er uns am nächsten ist und wir ihn gut beobachten können. Außerdem sind auf dem Mond schon Menschen gelandet. Aber auch Venus, Mars und Merkur sowie die riesigen Gasplaneten Jupiter, Saturn und Uranus sind spannende Forschungsgebiete.

Die Erde

Die Erde ist aus mehreren Schichten aufgebaut – ähnlich wie eine Zwiebel: Der Kern bildet das Erdzentrum, dann folgen der Mantel und die relativ dünne Erdkruste, also die Erdoberfläche, auf der wir leben.

Heißes Innenleben

Die Kruste besteht aus Gestein. Der untere Erdmantel ist wahrscheinlich fester. Der sehr heiße und dichte Erdkern besteht aus dem flüssigen äußeren Kern und dem wahrscheinlich festen inneren Kern, der bis zu 7000 Grad Celsius heiß ist.

Bewegungen der Erde

Die Erde macht drei Bewegungen: Mit dem gesamten Sonnensystem bewegt sie sich mit ungefähr 72 360 Kilometern pro Stunde durch das Weltall. Mit etwa 106 000 Kilometern pro Stunde umkreist sie die Sonne. Dazu braucht sie ein Jahr. Und einmal am Tag dreht sich die Erde um ihre eigene Achse.

Das Wasser der Ozeane macht die Erde zum blauen Planeten.

Lebenspender Sonne

Die Erde ist 150 Millionen km von der Sonne entfernt – genau der richtige Abstand, damit es uns weder zu heiß noch zu kalt wird und damit genug Licht auf die Erde trifft. Alle Lebewesen brauchen Wärme und Licht von der Sonne. Und die Lufthülle um unsere Erde gibt uns zum Beispiel Luft zum Atmen. Wasser ist ein genauso wichtiger Lebensstoff. Sein Kreislauf wird von der Sonne angetrieben.

Auf der Erde ist es doch am schönsten!

Der richtige Mix

In unserem ganzen Sonnensystem ist es nur die Erde, die alle Voraussetzungen für das Entstehen von Leben bietet. Dazu gehören: erträgliche Temperaturen, eine Lufthülle und viel Wasser.

Gibt es weiteres Leben im All? ➡ Seite 22/23
Welches sind unsere Nachbarplaneten? ➡ Seite 48/49

Der Wasserkreislauf

1 Wasser verdunstet durch Wärme
2 … wird zu Wasserdampf und steigt nach oben
3 … kondensiert in kalter Luft
4 … bildet viele Wassertröpfchen und eine Wolke
5 … fällt als Niederschlag herab

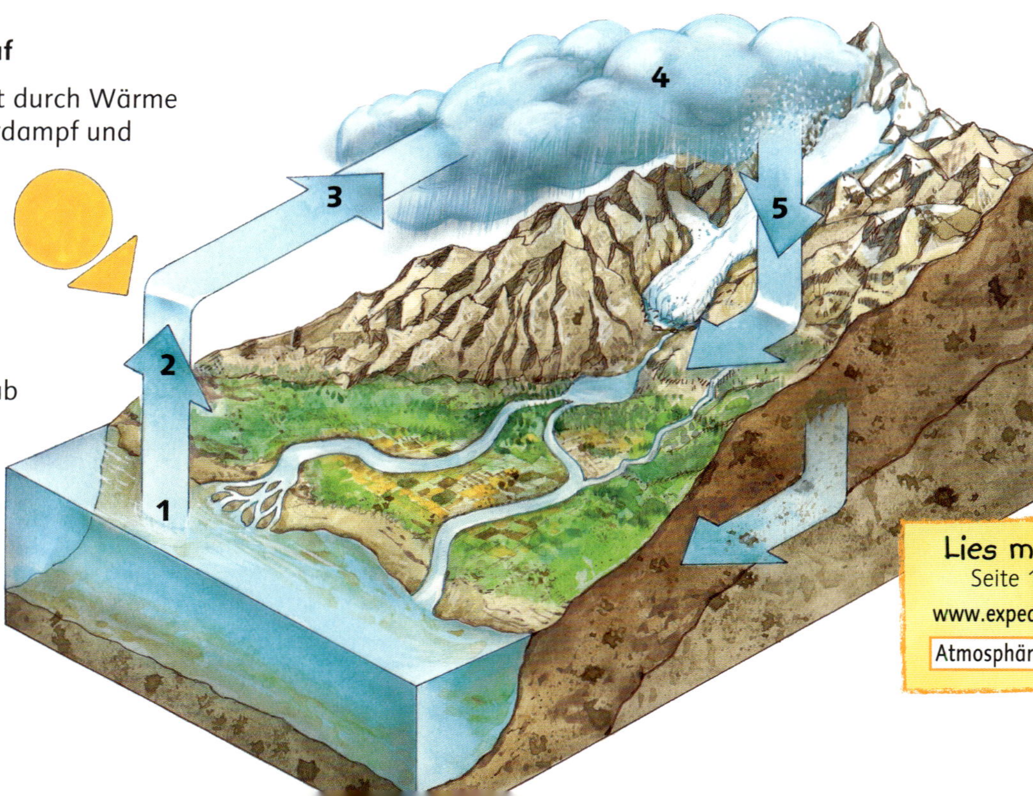

Lies mal weiter!
Seite 10, 34, 54
www.expedition.wissen.de
Atmosphäre

Unsere Nachbarn

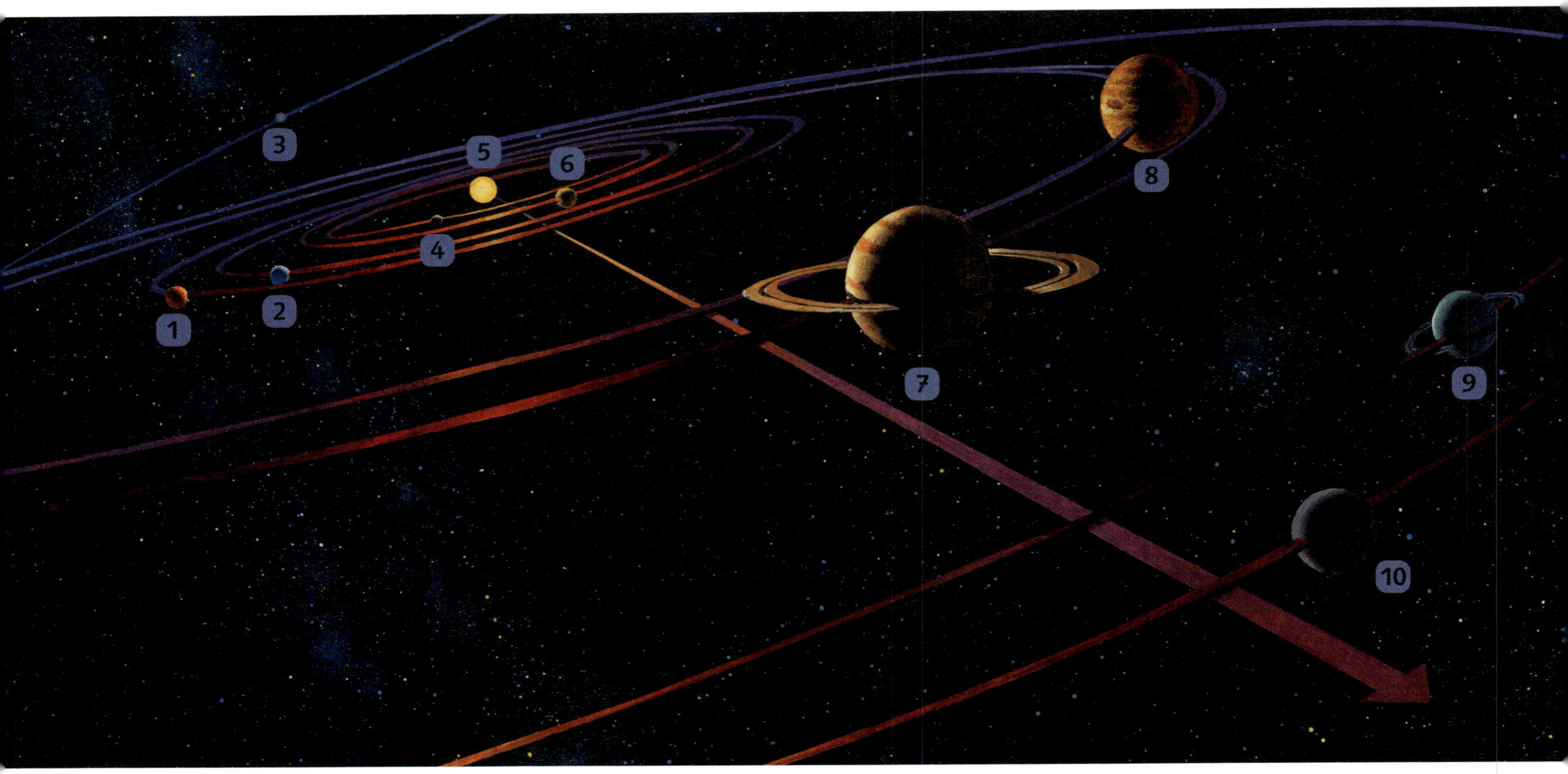

1 Mars
2 Erde
3 Zwergplanet Pluto
4 Merkur
5 Sonne
6 Venus
7 Saturn
8 Jupiter
9 Uranus
10 Neptun

Insgesamt acht Planeten umkreisen die Sonne. Im Vergleich mit ihr sind sie Leichtgewichte: Wäre das Sonnensystem ein Haufen mit 1000 Fußbällen, würde die Sonne davon 999 für sich beanspruchen. Den einen restlichen Fußball müssten sich alle Planeten teilen.

Die Planeten

Ein Planet ist ein Himmelskörper, der wie eine Kugel aussieht und sich auf einer freien Umlaufbahn um die Sonne bewegt. Planeten leuchten nicht selbst. Sie sind am Himmel sichtbar, weil sie das Licht der Sonne widerspiegeln, so wie unser Mond. Fünf Planeten kann man mit bloßem Auge erkennen: Venus, Jupiter, Mars, Saturn und Merkur.

Zwei Typen

Die Planeten unterscheiden sich nicht nur in ihrer Größe sehr stark voneinander: Die vier inneren Planeten Merkur, Venus, Erde und Mars sind feste Körper aus Gestein. Sie haben einen Kern aus Metall. Die vier äußeren Planeten Jupiter, Saturn, Uranus und Neptun sind gigantische Kugeln aus Gas.

Zwerg- und Miniplaneten

Neben den Planeten umkreisen zwischen Mars und Jupiter viele Miniplaneten die Sonne: die Planetoiden. Einige sind nicht größer als ein Fußballfeld. Größer sind Zwergplaneten wie Pluto, der es auf den halben Durchmesser von Merkur bringt. Er galt früher als Planet.

Knack den Code!

9. Wie heißt der äußerste Planet?
(4. Buchstabe)

Pluto ist kein Planet mehr!

August 2006 – Nach einem hitzigen Streit entschieden 2500 Wissenschaftler aus 75 Ländern, dass Pluto ein „Zwergplanet" ist. Nach einer neuen Festlegung muss ein Planet um einen Stern kreisen, darf selbst kein Stern sein und muss kugelförmig sein. Außerdem muss er genug Masse haben, um seine Umlaufbahn von anderen Objekten „leer gefegt" zu haben: Nichts darf seine Bahn kreuzen. Und genau dies trifft auf Pluto nicht zu.

Johannes Kepler (1571–1630)
- deutscher Astronom und Mathematiker
- hat erkannt, dass Planeten die Sonne in elliptischen Bahnen umkreisen.
- Diese Gesetze der Planetenbewegung wurden Kepler'sche Gesetze genannt.

Die Anfangsbuchstaben stehen für die Planeten mit wachsendem Abstand zur Sonne – sofern man den Zwergplaneten Pluto mitzählt.

Elliptische Bahnen

Dabei bewegen sich alle Planeten auf elliptischen, ungefähr eiförmigen Bahnen. Sie liegen mit Ausnahme der Bahn des Pluto alle in einer Ebene. Je weiter außen ein Planet kreist, desto langsamer ist seine Bewegung. Auch Planetoiden und Zwergplaneten kreisen auf elliptischen Bahnen um die Sonne.

Die Planeten sind sehr unterschiedlich in ihrer Größe.

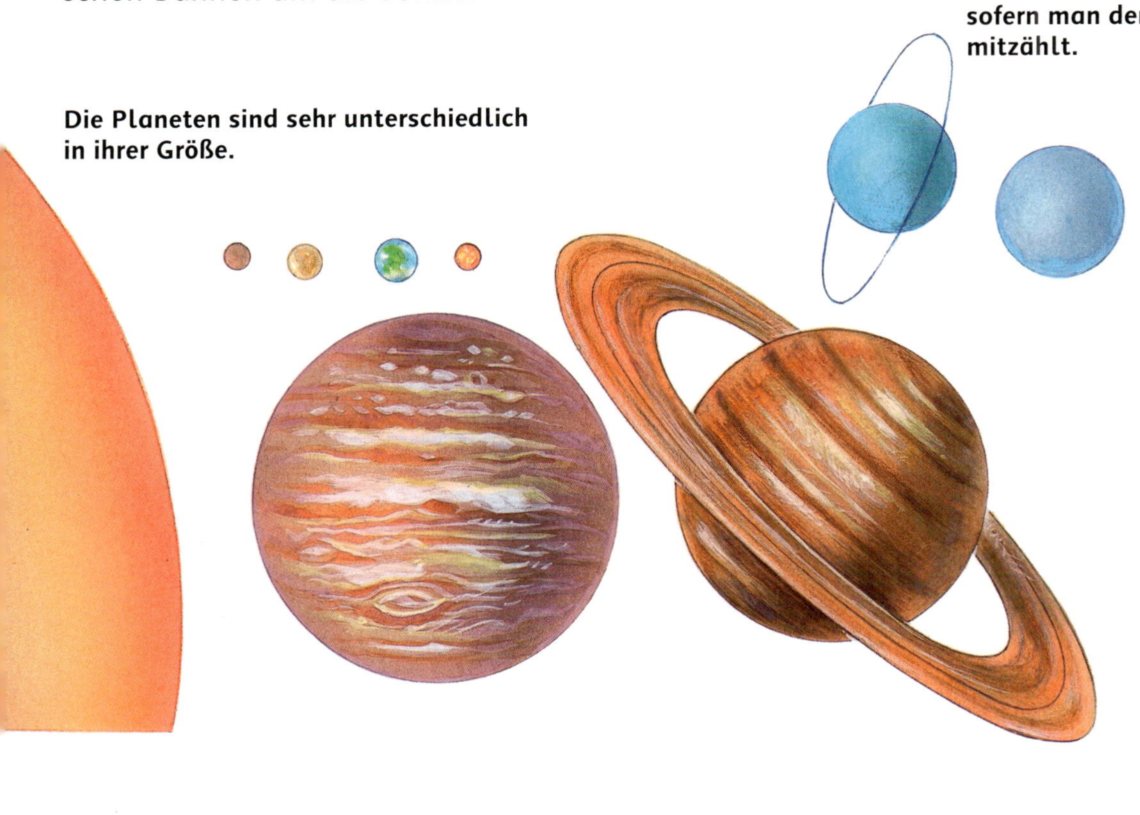

Lies mal weiter!
Seite 34, 56, 70
www.expedition.wissen.de
Planeten

Der Mond

Den Mond, unseren nächsten Nachbarn, kann man auch ohne Teleskop gut beobachten.

Als vor Jahrmilliarden die Sonne und die Planeten entstanden, bildeten sich viele weitere Himmelskörper. Sobald sie in die Anziehungskraft eines Planeten gerieten, zog dieser sie mit seiner Schwerkraft an: So konnte die Erde den Mond „einfangen". Denn die Erde ist um ein Vielfaches größer als der Mond, im Vergleich etwa wie die Größe eines Fußballs zu einem Tennisball. Und je größer ein Objekt ist, desto stärker ist seine Schwerkraft.

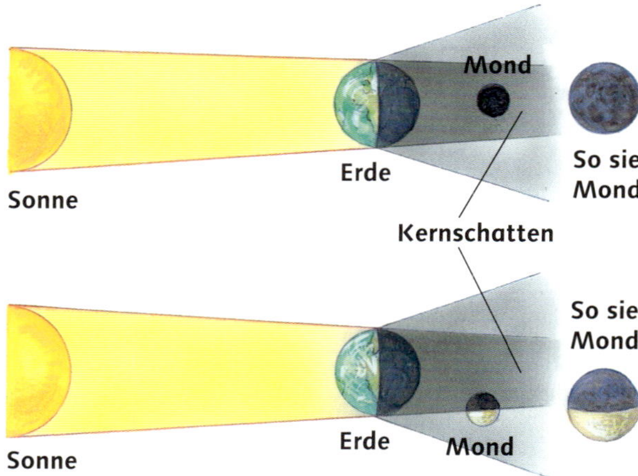

Totale und partielle Mondfinsternis

Mond

- Durchmesser am Äquator: 3480 km
- Phasendurchlauf von Vollmond zu Vollmond: 29 Tage, 12 Stunden, 44 Minuten
- Entfernung zur Erde: 384 400 km
- Alter: 4,6 Milliarden Jahre

Mondfinsternisse

Die Erde wirft einen langen Schatten ins All und ist ungefähr viermal so groß wie der Mond. Wenn der Mond in der Phase des Vollmonds durch den Kernschatten der Erde zieht und Sonne, Erde und Mond genau auf einer Linie liegen, dann sieht man überall auf der Nachtseite der Erde eine totale Mondfinsternis. Sie ist – im Gegensatz zur Sonnenfinsternis – an jedem Ort der Nachtseite der Erde aus zu sehen.

Partielle Finsternis

Manchmal liegen Sonne, Erde und Mond fast auf einer Linie. Dann schneidet der Mond den Kernschatten der Erde nur. Wir sehen eine partielle (teilweise) Mondfinsternis.

Mondgestein

Die Mondphasen

Da sich der Mond in rund 29 Tagen um die Erde dreht, ist immer nur eine Seite für uns sichtbar und nur eine Mondhälfte wird von der Sonne angestrahlt. Bei Neumond liegt die sichtbare Seite im Schatten. Eine Woche später ist die Hälfte der sichtbaren Seite sonnenbeschienen: Wir sehen einen hellen, sichelförmigen Halbmond. Nach einer weiteren Woche herrscht Vollmond und die sichtbare Hälfte wird komplett von der Sonne beschienen. Wieder eine Woche danach ist erneut nur eine Hälfte der sichtbaren Seite sonnenbeschienen.

Was ist der Unterschied zwischen Fernglas und Fernrohr? ➡ Seite 12/13
Was hat der Mond mit dem Kalender zu tun? ➡ Seite 18/19

Bei Neumond liegt die erdabgewandte Seite des Mondes im Sonnenlicht.

Zunehmender sichelförmiger Halbmond

Bei Vollmond liegt die ganze sichtbare Hälfte des Mondes im Sonnenlicht.

Abnehmender sichelförmiger Halbmond

Kaum zu glauben

Auf dem Mond ist jeder ein Superathlet: Wegen der geringeren Schwerkraft wiegt dort alles nur ein Sechstel im Vergleich zur Erde!

Lies mal weiter!
Seite 12, 36, 66
www.expedition.wissen.de
Mond

Merkur und Venus

Knack den Code!
10. Welcher Planet heißt auch Abendstern?
(3. Buchstabe)

Merkur ist der erste Planet, von der Sonne aus gesehen. Ihm folgt Venus. Sie umrunden die Sonne viel näher als die Erde.

Der heiß-kalte Planet

Deshalb wird es dort auch viel heißer als bei uns, wenn die Sonne scheint. Die Oberfläche von Merkur wird bis zu 430 Grad Celsius heiß! Bei dieser Hitze schmelzen viele Metalle wie zum Beispiel Blei.

Merkur – der heiß-kalte Wüstenstern

Ewig lange Tage

Ein Merkurtag ist nicht nur extrem heiß, sondern auch extrem lang: 88 Erdentage lang scheint die Sonne, dann folgt eine 88 Erdentage lange Nacht. Dabei wird es bis zu minus 180 Grad Celsius kalt.
Das Innere von Merkur bildet ein sehr großer Eisenkern. Er ist von einem dünnen Mantel und einer noch dünneren Kruste aus Gestein umgeben. Merkur ist etwas größer als der Mond. Auch seine steinige Oberfläche ist mit Kratern übersät, die von Meteoriteneinschlägen stammen.

Merkur
- Durchmesser am Äquator: 4878 km
- Umlaufzeit um die Sonne: 59 Erdentage
- Entfernung zur Sonne: 58 Millionen km

Venus
- Durchmesser am Äquator: 12 100 km
- Umlaufzeit um die Sonne: 225 Erdentage
- Entfernung zur Sonne: 108 Millionen km

Venus

Venus ist etwas kleiner als die Erde, fast genauso schwer und auch ähnlich aufgebaut. Ansonsten haben beide wenig gemeinsam: Die steinige Oberfläche der Venus ist mit riesigen Vulkanen übersät. Einige sind vermutlich noch aktiv. Die Atmosphäre der Venus enthält vor allem das giftige Gas Kohlendioxid, was jedes Leben unmöglich macht.

Venus – die tödliche Wolkenhölle

Die Göttin der Schönheit

Ihren Namen verdankt die Venus der römischen Göttin der Liebe und Schönheit. Sie ist ja auch als Abend- und Morgenstern schön anzuschauen.

Die Venus, der Morgen- oder Abendstern, ist gut zu sehen kurz vor Sonnenaufgang bzw. nach Sonnenuntergang.

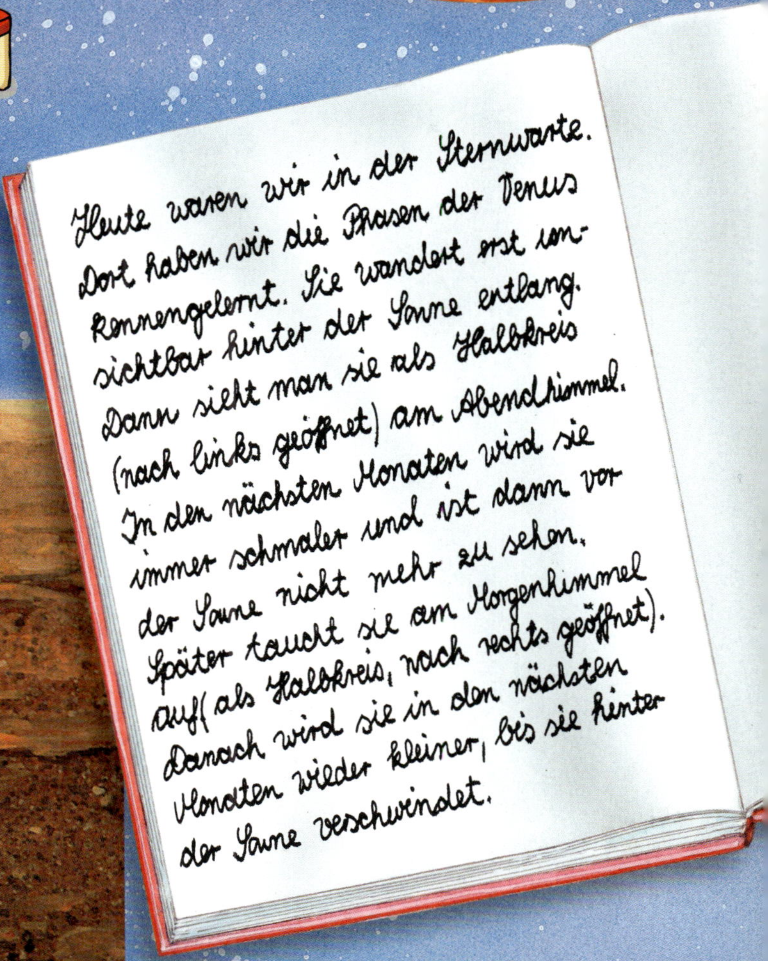

Auf der Venus sind viele Vulkane aktiv.

Lies mal weiter!
Seite 38, 54, 70

Mars

Mars

- Durchmesser am Äquator: 6794 km
- Umlaufzeit um die Sonne: 687 Erdentage
- Entfernung zur Sonne: 228 Millionen km

Nach der Erde kommt die Nummer vier unter den Planeten: Mars. Zwei winzige Monde, Phobos und Deimos, umkreisen ihn. Er ist einer der Gesteinsplaneten und ähnlich wie diese aufgebaut. Seine rote Farbe hat er von den Eisenverbindungen in seinem Gestein.

Vulkane und Seen

Seine Oberfläche ist eine steinige Wüste mit riesigen erloschenen Vulkanen und ausgetrockneten Seen und Flussbetten. Vor langer, langer Zeit war es auf dem Mars wohl so warm, dass es dort flüssiges Wasser gab. Inzwischen ist der Mars stark abgekühlt und alles vorhandene Wasser ist zu Eis gefroren.

Lange Reise

Eine Reise mit einem Raumschiff zum Mars würde etwa ein Jahr dauern. Der Mars ist heute nicht so kalt, dass menschliches Leben dort unmöglich wäre. Deshalb wird erforscht, ob vielleicht irgendwann einmal Menschen dort angesiedelt werden könnten.

Mars – der Rote Planet der Vulkane

Kaum zu glauben

Viele Menschen glauben an Leben im All: So gerieten 1938 viele Zuhörer eines Hörspiels über Marsmenschen noch während der Radiosendung in Panik, weil sie glaubten, es seien wirklich Marsmenschen gelandet.

Das erste „Auto“ auf dem Mars

4. Juli 1997 – Zwar sind noch keine Menschen auf dem Mars gelandet, aber immerhin ein Auto, und zwar der Rover Sojourner. Er landete jetzt zusammen mit der Sonde Pathfinder auf dem Nachbarplaneten. Sojourner ist mit drei Kameras sowie Instrumenten zur Messung von Bodenproben ausgestattet. Dank seiner Beweglichkeit können viel mehr Gesteins- und Bodenproben analysiert werden, als es einer gewöhnlichen Sonde möglich wäre.

Leben auf dem Mars?

Raumsonden haben ganz eindeutig erforscht, dass der Mars heute unbelebt ist. Früher jedoch, als es auf dem Mars noch wärmer war, könnte es dort ganz einfache Lebewesen gegeben haben. Das schließen Wissenschaftler aus einem Meteoriten, der vom Mars stammt. Sie fanden darin Muster, die wie Versteinerungen früherer Lebewesen (Fossilien) auf der Erde aussehen. Das könnten vielleicht Spuren von früheren Marsbewohnern sein, die mit der Abkühlung des Planeten ausgestorben sind.

Sojourner war 1997 das erste von Menschen gebaute motorisierte Fahrzeug auf dem Mars.

Lies mal weiter!
Seite 34, 48, 52

Du entscheidest selbst!

Womit beschleunigen Raumsonden? ➡ Seite 70/71
Welche Längeneinheiten gibt es im All? ➡ Seite 16/17

Auf dem Mars gibt es riesige erloschene Vulkane und ausgetrocknete Seen und Flussbetten.

Jupiter und Saturn

Jupiter ist der größte Planet unseres Sonnensystems: Sein Rauminhalt (Volumen) ist 1400-mal größer als der der Erde. Er ist auch der erste der Gasplaneten.

Schneller Kreisel

Jupiter besteht hauptsächlich aus Wasserstoff. In seiner Atmosphäre ist er gasförmig wie Luft und im Mantel flüssig wie Wasser. Jupiter dreht sich sehr viel schneller um sich selbst als die Erde, obwohl er 11-mal größer ist. Die schnelle Drehbewegung beschleunigt die Winde, die nicht – wie auf der Erde – von einer festen Oberfläche gebremst werden. Jupiter hat einen schmalen Ring aus Staub.

Saturn

Saturn kann man noch mit bloßem Auge erkennen. Er ist 10-mal weiter von der Sonne entfernt als die Erde.

Der Saturnmond Titan ist größer als der Planet Merkur.

Winde und Ringe

Saturn ist ebenfalls ein Gasplanet und dreht sich sehr schnell um seine Achse. Auch in seiner Atmosphäre toben ständig sehr starke Winde. Einzigartig sind die mehr als 100 000 Saturnringe. Man kann sie nur durch ein starkes Teleskop sehen.

Die Planetoiden

Zwischen Mars und Jupiter kreisen über 100 000 Miniplaneten auf nahe beieinanderliegenden Bahnen um die Sonne. Diese Planetoiden sind Brocken aus Gestein oder Metall. Meist sehen sie aus wie Steine. Die kleinsten haben einen Durchmesser von etwa 100 Metern. Ceres kreist zwar auch im Planetoidengürtel, ist aber mit einem Durchmesser von 1020 Kilometern so groß, dass er zu den Zwergplaneten zählt. Wenn ein großer Planetoid auf der Erde einschlagen würde, hätte dies verheerende Folgen – ungefähr wie die zeitgleiche Explosion mehrerer Atombomben am selben Ort.

Vier der 60 Jupitermonde im Vergleich zum Erdmond

Knack den Code!

11. Welcher Planet hat Tausende von Ringen?
(6. Buchstabe)

Planetoiden sind Miniplaneten, die zwischen Mars und Jupiter um die Sonne kreisen.

Jupiter
- Durchmesser am Äquator: 143 000 km
- Umlaufzeit um die Sonne: 11,86 Erdenjahre
- Entfernung zur Sonne: 778 Millionen km
- Monde: über 60

Saturn
- Durchmesser am Äquator: 120 500 km
- Umlaufzeit um die Sonne: 29,46 Erdenjahre
- Entfernung zur Sonne: 1429 Millionen km
- Monde: mindestens 32

Lies mal weiter!
Seite 34, 48, 70
www.expedition.wissen.de

Saturn

Äußere und Zwergplaneten

Uranus, Neptun und Zwergplaneten wie Pluto und Xena sind so weit von uns entfernt, dass wir sie mit bloßem Auge nicht mehr erkennen können. Sie wurden deshalb auch erst in der Neuzeit entdeckt. Die anderen Planeten waren schon im Altertum bekannt gewesen.

Zwei Gasriesen

Die Gasplaneten Uranus und Neptun sind etwa gleich groß und leuchten bläulich. Beide haben sehr dünne Ringe und viele Monde. Sie sind wasserstoffreiche Gasriesen.

Uranus und Neptun

Auf Uranus und Neptun herrschen starke Wirbelstürme. Sie erreichen auf Neptun Windgeschwindigkeiten von über 2100 km/h! Auf Uranus wird es nie wärmer als minus 209 Grad Celsius, denn er empfängt 370-mal weniger Sonnenenergie als unsere Erde.

Monde und Ringe

Den Neptun umkreisen 13 Monde. Der Uranus hat 21 Monde und mindestens elf dünne, schwarze Ringe. Diese Ringe sind meist nicht breiter als 15 Kilometer. Der innerste Ring bildet eine Ausnahme: Er ist 2500 Kilometer breit.

Uranus – eine kalte Eiskugel

Pluto – der Zwergplanet besteht aus Gestein und Eis.

Neptun – eiskalt wie sein Bruder Uranus

Zwergplaneten

Pluto galt bis 2006 als Planet. Der Zwergplanet besteht aus Gestein und Eis und benötigt knapp 248 Jahre, um die Sonne zu umrunden. Er bewegt sich auf einer stärker geneigten und eiförmigeren Umlaufbahn als die anderen Planeten. Dank der modernen Teleskope werden in den kommenden Jahren sicher noch weitere Zwergplaneten entdeckt.

1. In der Frühzeit des Sonnensystems prallte möglicherweise ein großer Himmelskörper auf Uranus.

2. Durch diesen gewaltigen Zusammenstoß wurde die Drehachse von Uranus so gekippt, dass der Planet heute auf der Seite rollt – ganz anders als Saturn.

Kann man einen Kometenaufprall im All sehen?
➡ Seite 28/29
Wie heißen die beiden anderen Gasplaneten? ➡ Seite 56/57

Uranus

- Durchmesser am Äquator: 58 120 km
- Umlaufzeit um die Sonne: 84 Erdenjahre
- Entfernung zur Sonne: 2870 Millionen km
- Monde: mindestens 21

Neptun

- Durchmesser am Äquator: 49 530 km
- Umlaufzeit um die Sonne: 165 Erdenjahre
- Entfernung zur Sonne: 4490 Millionen km
- Monde: 13

Kaum zu glauben

Heftig für Uranus, praktisch für uns: Durch die gekippte Drehachse können wir Saturn und Uranus leichter unterscheiden.

Lies mal weiter!
Seite 48, 52, 56

UNITED
STATES

Forschung und Raumfahrt

Mit der ersten Landung eines Menschen auf dem Mond wurde ein großer Traum der Menschheit wahr. Welche Technik war dafür nötig? Was erreichten die Männer auf dem Mond? Genauso spannend ist die Frage, was es im Weltall sonst noch alles zu erkunden gibt. Ein erster Schritt wurde mit der Weltraumstation ISS getan, auf der Astronauten und Wissenschaftler Schritt für Schritt das Leben und Arbeiten im All erforschen. Außerdem dringen Raumsonden bis an die Grenzen unseres Sonnensystems vor und senden von dort interessante Bilder.

Raketen und Raumfähren

Mit „Ariane"-Raketen befördert die europäische Weltraumagentur ESA Satelliten ins All.

Raketen werden auf „Weltraumbahnhöfen" wie dem John F. Kennedy Space Center am Cape Canaveral gestartet.

Wenn man einen Apfel hochwirft, wird er von der Schwerkraft „zurückgezogen" und fällt wieder auf die Erde.

Die Fluchtgeschwindigkeit
Würde man ihn mit 40 000 Kilometern pro Stunde in die Luft schießen, könnte er der Schwerkraft entfliehen und ins All fliegen. Diese Geschwindigkeit nennt man Fluchtgeschwindigkeit. Raketen müssen sie erreichen, um sich von der Erde zu entfernen.

Explosiver Treibstoff an Bord
Das geht aber nur mit der riesigen Schubkraft, die durch Verbrennen von enorm viel Treibstoff entsteht. Gerade diese riesige Menge an explosiven Stoffen an Bord macht die Raumfahrt so gefährlich und führte auch schon zu tödlichen Unfällen.

Saturn V und Ariane
Zu den berühmtesten Raketentypen zählt die gewaltige Saturn-V-Rakete der US-Raumfahrtbehörde NASA: Sie brachte die Menschen zum Mond. Und die Ariane-Raketen, mit denen die europäische Weltraumagentur ESA Satelliten ins All befördert.

Spaceshuttle
Heute werden die amerikanischen Astronauten mit der Raumfähre Spaceshuttle ins All gebracht. Bei der Rückkehr landet der Spaceshuttle wie ein Segelflugzeug.

Satelliten können viel

Das Wichtigste, was Raketen und Shuttles an Bord haben, sind Satelliten. Die sollen ins All gebracht werden und dann die Erde auf festen Bahnen umkreisen. Manche übermitteln Telefongespräche, andere ermöglichen Live-Übertragungen im Fernsehen. Navigationssatelliten helfen Schiffen und Flugzeugen bei der Bestimmung ihrer Position. Und Astronomen benutzen Satelliten, um von der Erde ins Universum zu blicken.

Den allerersten künstlichen Satelliten „Sputnik" startete die Sowjetunion 1957.

Wernher von Braun (1912–1977)
- deutscher Raketenbauer
- nach dem 2. Weltkrieg in den USA beteiligt an der Entwicklung des Raumfahrtprogramms der NASA
- „Vater" der Saturn V

Was bewirkt die Schwerkraft auf der Erde?
➡ Seite 16/17
Wie lange dauert ein Flug zum Mars?
➡ Seite 54/55

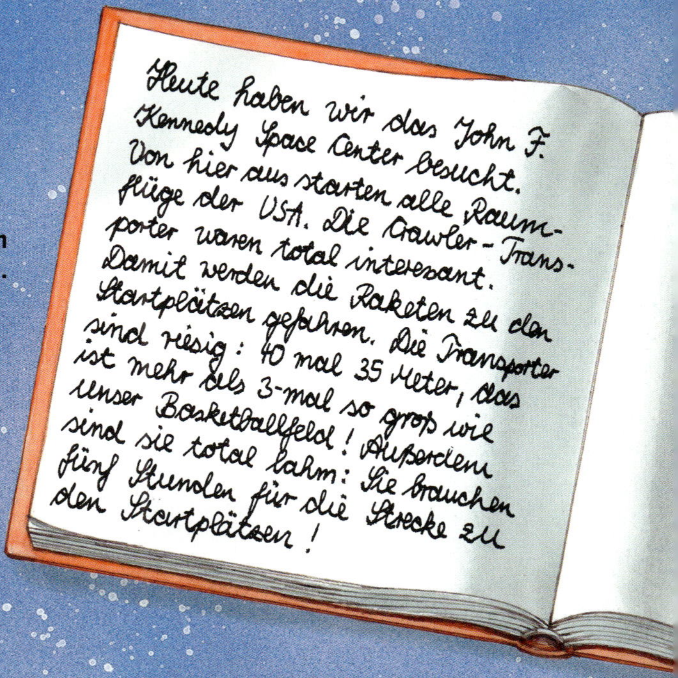

Start und Landung eines Spaceshuttles:

1. **Start**
2. **Die Feststoffraketen werden abgeworfen.**
3. **Der Treibstofftank wird abgeworfen.**
4. **Der Shuttle dockt an der ISS an.**

5. **Er tritt wieder in die Erdatmosphäre ein.**
6. **Der Shuttle gleitet wie ein Flugzeug.**
7. **Er landet mithilfe eines Bremsfallschirms.**

Lies mal weiter!
Seite 16, 68, 70
www.expedition.wissen.de
Raketen

Ins Weltall reisen

Knack den Code!
12. Welchen Zustand trainieren Astronauten im Wasserbecken?
(5. Buchstabe)

Viele Generationen lang träumten die Menschen von Reisen in das Weltall. Erst 1961 erfüllte sich dieser Traum. Der sowjetische Kosmonaut Juri Gagarin flog mit einer Rakete ins All und umkreiste die Erde. 1965 war Alexei Leonow der erste Mensch außerhalb eines Raumfahrzeugs in der Schwerelosigkeit des Alls.

Ein Parabelflug macht ganz schön flaue Gefühle im Magen – wie in der Achterbahn.

Fit fürs All?

Um ins All zu fliegen und in der Schwerelosigkeit zurechtzukommen, muss man

Beim Astronautentraining

Dr. Kosmos bereitet sich auf seinen Ausflug zur ISS vor.

Wie kann man Schwerelosigkeit „ausprobieren"?

Dr. Kosmos: Wir machen sogenannte Parabelflüge. Dabei geht ein Spezialflugzeug in den Steigflug, dann schaltet der Pilot den Antrieb ab, und das Flugzeug fliegt eine gebogene Bahn. Dabei tritt Schwerelosigkeit ein.

Für wie lange?

Dr. Kosmos: Für etwa 30 Sekunden, bis der Pilot das Flugzeug abfängt. In dieser Zeit bekommt man ein gutes Gefühl für die Schwerelosigkeit.

Ein Raumfahrer bei einem Weltraumspaziergang

absolut gesund und fit sein. Zur Vorbereitung für einen Raumflug trainieren Astronauten deshalb lange und hart, zum Beispiel üben sie auch das Essen und Trinken im Weltraum.

Training im Wasserbecken

Große Wasserbecken vermitteln ein Gefühl für Schwerelosigkeit. Astronauten tragen dabei spezielle Raumanzüge und üben die Experimente, die sie auch während des Raumfluges durchführen sollen.

Der Raumanzug

Für Weltraumspaziergänge außerhalb der Kapsel benötigt ein Astronaut einen absolut luftdichten Raumanzug. Doch dieser muss noch ganz andere Funktionen erfüllen: Er liefert frische Atemluft, entfernt die ausgeatmete Luft und regelt die Luftfeuchtigkeit und die Körpertemperatur.

Raketenrucksack

Über den Raumanzug läuft auch die Radioverbindung mit dem Raumschiff und dem Kontrollzentrum. Und auf dem Rücken ist ein „Raketenrucksack" zur Fortbewegung montiert.

Feste Nahrung wird aufgewärmt und kommt auf einen besonderen Teller, damit sie nicht davonschwebt.

Kaum zu glauben

Der teuerste Maßanzug ist laut Guinnessbuch der Rekorde ein Raumfahrtanzug der NASA: Kosten von über drei Millionen US-Dollar!

Auch in Wasserbecken kann man die Schwerelosigkeit des Alls trainieren.

Lies mal weiter!
Seite 16, 66, 68
www.expedition.wissen.de
Schwerelosigkeit

Auf dem Mond

Neil Armstrong (geb. 1930)
- amerikanischer Astronaut
- Kommandant der Raumkapsel Apollo 11, die im Juli 1969 zum Mond flog.
- setzte als erster Mensch seinen Fuß auf den Mond.

Nur ein Dutzend Menschen ist bislang auf dem Mond spazieren gegangen. Sie befanden sich an Bord der sechs Mondlandefähren des Apollo-Programms, die von 1969 bis 1972 auf dem Mond aufsetzten.

Kaum zu glauben

Ohne Wind und Wasser werden die Fußspuren auf dem Mond nicht verwischt. Sie und die Spuren der Mondautos bleiben deshalb rund 100 Millionen Jahre erhalten.

Erster Mensch auf dem Mond

Die erste Mondlandung wurde am 16. Juli 1969 eingeleitet: Eine Saturn V startete mit Apollo 11 in den Himmel. Am 20. Juli begann der Landeanflug zum Mond. Er wurde im Fernsehen in alle Welt übertragen. Um 22.17 Uhr landete die Fähre. Neil Armstrong betrat als erster Mensch den Mond. Er sagte dazu: „Dies ist ein kleiner Schritt für einen Menschen, aber ein Riesensprung für die ganze Menschheit."

Erste Bodenproben und Experimente

Die Astronauten nahmen verschiedene Bodenproben. Außerdem wurden zwei wissenschaftliche Experimente gestartet: eins zur Messung von Meteoreinschlägen und Mondbeben und eins zur genauen Bestimmung der Entfernung von Erde und Mond. Dazu wurde ein Laserreflektor aufgestellt, der Laserstrahlen von der Erde zurückwirft.

In Quarantäne

Nach ihrer Rückkehr wurden die Astronauten der Mondmissionen in Quarantäne gesteckt, das heißt von allen anderen Menschen isoliert. Man wollte sichergehen, dass sie keine unbekannten außerirdischen Krankheiten mit auf die Erde gebracht haben.
Auch die Bodenproben kamen in Quarantäne, aus demselben Grund, aber auch, um sie selbst vor Verunreinigung durch irdische Keime zu schützen.

Welche Sternzeichen gibt es?
➡ Seite 40/41
Wie landet der Spaceshuttle?
➡ Seite 62/63

St. Pauls Kathedrale, London, Höhe: 111 Meter

Die gigantische Saturn-V-Rakete (Höhe: 110 Meter) brachte Apollo 11 und damit die ersten Menschen zum Mond.

Es gibt kein Leben auf dem Mond!

Berühmte Mondmissionen

- 1969: Apollo 11 – erste Menschen auf dem Mond und erste Bodenproben
- 1970: Apollo 13 – Mission gescheitert, alle Astronauten aber geborgen
- 1971: Apollo 15 – zum ersten Mal Mondfahrzeug „Rover" für Ausflug in weitere Umgebung

Mondfahrzeug Rover

Lies mal weiter!
Seite 16, 48, 64

Im All forschen

Die russische Raumstation „Mir"

Zu Beginn der Raumflüge konnten Astronauten jeweils nur wenige Tage im All bleiben. Heute leben sie über längere Zeit in einer Weltraumstation, die die Erde umkreist. Raumstationen sind wichtig, weil Menschen dort Experimente bei sehr, sehr geringer Schwerkraft ausführen können. Die Astronauten beobachten sich auch selbst, um herauszufinden, wie sich der menschliche Körper im Weltraum verhält – als Grundlage für noch längere Weltraummissionen, etwa zum Mars.

Mir

Die von den Sowjets entwickelte Raumstation Mir („Frieden") wurde 1986 gestartet. Auf ihr wurden wichtige Erkenntnisse für den Bau von Raumstationen und über das Leben und Arbeiten im All gesammelt.
Im April 2000 dockte die letzte Besatzung an, weil der Betrieb zu teuer geworden war. Schließlich lenkten die Forscher die Mir kontrolliert aus ihrer Erdumlaufbahn und ließen sie am 23. März 2001 in den Pazifischen Ozean stürzen – ein Großteil der Station war bereits beim Wiedereintritt in die Erdatmosphäre verglüht.

Knack den Code!
13. Was erzeugt Strom auf der ISS?
(1. Buchstabe)

Die ISS ist 108 Meter lang und 74 Meter breit.

Solarpaddel, so groß wie ein Fußballfeld, sichern die Stromversorgung.

Meilensteine im Weltall

- 1957: Hündin Laika in Sputnik 2 erstes Lebewesen im All
- 1961: Juri Gagarin erster Mensch in einer Raumkapsel in Erdumlaufbahn
- 1965: Erster Weltraumausflug durch Alexei Leonow
- 1969: Neil Armstrong erster Mensch auf dem Mond
- 1984: Mit Swetlana Sawizkaja erster Weltraumspaziergang einer Frau
- 1987 bis 1988: Langzeitrekord von 366 Tagen im All durch Wladimir Titow und Musa Manarow
- 1998: John Glenn mit 77 Jahren ältester Astronaut

ISS

Vereinfacht gesagt ist die Internationale Raumstation (ISS) ein bemanntes wissenschaftliches Labor im All. An dem Projekt sind 16 Nationen beteiligt, darunter Deutschland, Russland und die USA. Seit dem 2. November 2000 ist die ISS andauernd von einer Crew bewohnt.

Ein Deutscher im All

Die 450 Tonnen schwere Raumstation umkreist die Erde in einer Höhe von knapp 400 Kilometern. Auf dem Flug STS-121 im Juli 2006 wurde Thomas Reiter als erster deutscher Raumfahrer zu einem Langzeitaufenthalt auf die ISS gebracht.

Dennis Tito (geboren 1940)

- amerikanischer Unternehmer und Multimillionär
- 2001 international bekannt als der erste Weltraumtourist in der Raumfahrtgeschichte
- bezahlte für den Flug 20 Millionen US-Dollar.

Heute konnten wir Herrn Müller überreden, bei der Aktion „School in Space" mitzumachen. Dabei kann man so experimentieren, wie der Astronaut Thomas Reiter auf der ISS. Es geht um einen Behälter mit Wasser-Öl-Gemisch. Nach dem Schütteln vermischen sich Wasser und Öl, später trennen sie sich wieder. Dann haben wir uns gefragt, wie sich das Gemisch in der Schwerelosigkeit verhält. Das Ergebnis können wir im Fernsehen über Video aus dem All sehen.

Das Columbus-Weltraumlabor für die ISS soll als zentrale Station für Versuche in der Schwerelosigkeit dienen.

Lies mal weiter!
Seite 14, 34, 46
www.expedition.wissen.de
ISS

Raumsonden

Eine Weltraumsonde ist ein unbemanntes Raumfahrzeug, das unser Sonnensystem und ferne Planeten erforscht und Messwerte und Bilder zur Erde übermittelt.

Schwerkraft als „Motor"

Solche Sonden haben viele Entdeckungen gemacht, die von der Erde aus nicht möglich gewesen wären, denn sie sind nicht wie Satelliten an die Erde „gebunden". Auf ihren Flügen nutzen sie geschickt die Schwerkraft der Planeten zur Beschleunigung.

Pioneer 10 und 11

Wissenschaftliche Erkenntnisse brachten die Raumsonden Pioneer 10 und 11. 1973 erreichte Pioneer 10 als erstes menschliches Objekt den Jupiter. 1979 kam Pioneer 11 in die Nähe des Saturns und durchquerte seine Ringebene.

Voyager 1 und 2

Die beiden Voyager-Sonden folgten 1977. Sie nutzten eine seltene Gelegenheit aus, als Planeten günstig zueinander standen, sodass sie mit wenig Treibstoff gleich vier Planeten anfliegen konnten. Sie erreichten Jupiter, Saturn, Uranus und Neptun.

Die Erkundung unseres Sonnensystems

Legendäre Raumsonden
- 1959: Mit Luna 2 erstmals auf Mond
- 1962: Mariner an Venus vorbei
- 1976: Viking 1 und 2 mit Landekapseln auf Mars
- 1977: Voyager 1 und 2 auf dem Weg zu Jupiter, Saturn, Uranus und Neptun

Die goldene Schallplatte

An Bord beider Voyager-Sonden ist eine goldene Schallplatte mit gespeicherten Daten wie 27 Musikstücken, 35 Geräuschen und 115 Bildern. So können sich Außerirdische ein Bild von der Erde machen. Und falls sie keinen Plattenspieler haben, liegt dafür eine Bauanleitung bei!

Die Weltraumsonden Viking 1 und 2 setzten Landeeinheiten per Fallschirm zur Landung auf dem Mars aus.

Pathfinder und Sojourner

Eine weitere spektakuläre Sonde war 1997 Pathfinder. Sie setzte das Geländefahrzeug Sojourner auf dem Mars aus. Es machte Messungen von der chemischen Zusammensetzung des Gesteins.

Gibt es Vulkane auf der Venus?
➡ Seite 52/53
Was sind Planetoiden?
➡ Seite 56/57

Hi, Tim!

Warst du schon mal im Planetarium? Hier siehst du die Sterne auf einer riesigen Kuppel an der Decke. Unser Planetarium zeigt mehr als 3000 Sterne! Total viel Spaß macht es auch, an Bord einer Sonde durchs Sonnensystem zu rasen. Das musst du dir anschauen.

Laura

Tim Meyer
Allershauserweg 15
10117 Berlin

Lies mal weiter!
Seite 14, 16, 22
www.expedition.wissen.de
Planetarium

Trage das richtige Lösungswort der Fragen von 1 bis 13 in die Kästchen auf der Schatzkarte ein.

Trage hier das richtige Lösungswort ein!
Die Zahlen unter den Kästchen zeigen an, von welcher Frage der Buchstabe stammt.

6	9	1	2	10	13	5	3	11	4	7	8	12

▸ Gewinnspiel siehe Seite 80

2
10
7
4
8
12
ZIEL

Die Planeten auf einen Blick

In zunehmender Entfernung von der Sonne:

Merkur
Umlaufzeit: 88 Tage
Rotation (Drehen um die eigene Achse): 59 Tage
Entfernung zur Sonne: 58 Millionen Kilometer
Anzahl der Monde: 0
Oberflächentemperatur: – 180° bis + 430°
Besonderheiten: Die Oberfläche des Merkur ist mit Kratern übersät. Der Planet liegt der Sonne am nächsten und bewegt sich sehr schnell.

Venus
Umlaufzeit: 225 Tage
Rotation: 234 Tage
Entfernung zur Sonne: 108 Millionen Kilometer
Anzahl der Monde: 0
Oberflächentemperatur: + 480°
Besonderheiten: Die Venus strahlt sehr hell, wie die Erde wird auch sie von der Sonne erwärmt. Der Druck ist hier 100-mal so groß wie der Luftdruck auf der Erde – ein Mensch würde zermalmt werden.

Erde
Umlaufzeit: 365,25 Tage (= ein Jahr)
Rotation: 24 Stunden (= ein Tag)
Entfernung zur Sonne: 150 Millionen Kilometer
Anzahl der Monde: 1
Oberflächentemperatur: – 70° bis + 55°
Besonderheiten: Die Erde ist der einzige Planet, auf dem Leben entstehen konnte, weil die umgebende Atmosphäre ausreichend Sauerstoff enthält.

Mars
Umlaufzeit: 687 Tage
Rotation: 24,6 Stunden
Entfernung zur Sonne: 228 Millionen Kilometer
Anzahl der Monde: 2
Oberflächentemperatur: – 120° bis + 25°
Besonderheiten: Seine Oberfläche ist von rotem Gestein bedeckt und weist viele Gräben, Vulkane und Gebirgsketten auf. Der Tag dauert auf dem Mars nur eine halbe Stunde länger als auf der Erde und es gibt Jahreszeiten.

Jupiter
Umlaufzeit: 11,9 Jahre
Rotation: 9,8 Stunden
Entfernung zur Sonne: 778 Millionen Kilometer
Anzahl der Monde: über 60
Oberflächentemperatur: – 150°
Besonderheiten: Jupiter ist der größte Planet unseres Sonnensystems. Ein Tag auf dem Jupiter dauert weniger als 10 Stunden, das ist der kürzeste Tag im Sonnensystem.

Saturn
Umlaufzeit: 29,5 Jahre
Rotation: 10,2 Stunden
Entfernung zur Sonne: 1,429 Milliarden Kilometer
Anzahl der Monde: mindestens 32
Oberflächentemperatur: – 180°
Besonderheiten: Sehr auffallend sind die Ringe des Saturn. Jeder von Ihnen besteht aus Tausenden sehr schmaler Bänder. Wie Jupiter, Uranus und Neptun besteht auch der Saturn nur aus Gasen.

Uranus
Umlaufzeit: 84 Jahre
Rotation: 17,9 Stunden
Entfernung zur Sonne: 2,871 Milliarden Kilometer
Anzahl der Monde: mindestens 21
Oberflächentemperatur: – 214°
Besonderheiten: Der Himmelskörper mit grünlicher Färbung hat eine völlig auf der Seite liegende Drehachse. Man vermutet, dass die gekippte Achse auf einen Zusammenprall mit einem großen Himmelskörper zurückzuführen ist.

Neptun
Umlaufzeit: 165 Jahre
Rotation: 19,2 Stunden
Entfernung zur Sonne: 4,497 Milliarden Kilometer
Anzahl der Monde: 13
Oberflächentemperatur: – 220°
Besonderheiten: Neptun ist der kleinste der vier Gasplaneten. Auf dem Neptun herrschen viele Wirbelstürme.

Internetadressen

Suchmaschinen
http://www.milkmoon.de/
http://www.blinde-kuh.de/
http://www.trampeltier.de/
http://www.helles-koepfchen.de/
http://www.kindercampus.de/clikks/

Wissen über das Weltall
http://www.learnweb.de/weltall/start.htm
http://aachen.heimat.de/milkyway_mars/milkyway_mars/default.html
http://www.sternwarte-neumarkt.de/html/fur_kids.html
http://www.astro.goblack.de/
http://www.geoscience-online.de/index.php?cmd=links
http://www.geo.de/GEOlino/natur/51314.html
http://astro.geo.tu-dresden.de/astro_source/sunsys.html
http://www.wappswelt.de/tnp/nineplanets/earth.html
http://lexikon.astroinfo.org/stichworte/
http://www.quarks.de/themendossiers/weltraum/html-version/index.html
http://www.astronomie.de/kinder/astrokids/index.html

Übersicht über Sternwarten in Deutschland, Österreich und der Schweiz
http://www.astronomie.de/gad/Volkssternwarten.htm

Übersicht über Planetarien in Deutschland, Österreich und der Schweiz
http://www.astronomie.de/gad/Planetarien.htm
http://www.planetarium-online.info/default.html

Planetarien in Deutschland
Olbers-Planetarium der Hochschule Bremen
http://planetarium.hs-bremen.de/

Zeiss Planetarium Bochum
http://www.planetarium-bochum.info/

Raumflugplanetarium Cottbus
http://www.planetarium-cottbus.de/

Planetarium Freiburg
http://www.planetarium-freiburg.de/

Planetarium Hamburg
http://www.planetarium-hamburg.de/html_4/index.php

Zeiss-Planetarium Jena
http://www.planetarium-jena.de/

Planetarium Köln
http://www.koelner-planetarium.de/

Planetarium Mannheim
http://www.planetarium-mannheim.de/

Nicolaus Copernicus Planetarium Nürnberg
http://www.planetarium-nuernberg.de/

Carl-Zeiss-Planetarium Stuttgart
http://www.planetarium-stuttgart.de/

Planetarium Wolfsburg
http://www.planetarium-wolfsburg.de/

Planetarien in Österreich:
Planetarium Klagenfurt
http://www.planetarium-klagenfurt.at/

Planetarium Königsleiten, Wald im Pinzgau
http://www.sternwarte-koenigsleiten.com/

Zeiss-Planetarium Wien
http://www.planetarium-wien.at/

Planetarien in der Schweiz:
Planetarium Kreuzlingen
http://www.avk.ch/

Planetarium Schwanden ob Sigiswril
http://www.sternwarte-planetarium.ch/

Planetarium Zürich
http://www.plani.ch/

Die Inhalte aller Internetadressen in diesem Buch wurden mit größtmöglicher Sorgfalt ausgesucht. Die Inhalte der Seiten können aber jederzeit von den Anbietern geändert werden. Daher übernehmen wir trotz sorgfältiger Prüfung keine Haftung für die Richtigkeit, Vollständigkeit und Aktualität dieser Webseiten.

Worterklärungen

Abschussrampe Ort, von dem aus Raketen ins All starten.

Äquator Gedachter Ring, der sich in der Mitte zwischen Nord- und Südpol um die Erde zieht. Er liegt bei 0° geografischer Breite.

Astrologie Versuch, aus der Position der Planeten auf das Leben der Menschen zu schließen.

Astronaut Besatzungsmitglied in einem Raumfahrzeug. Russische Astronauten werden Kosmonauten genannt. Dennis Tito war der erste Tourist im Weltraum. 2001 verbrachte er eine Woche in der Internationalen Raumstation.

Astronomie Wissenschaft von den Planeten, Sternen und weiteren Himmelskörpern.

Atmosphäre Gasförmige Hülle, die einen Planeten, Mond oder Stern umgibt. Die Erdatmosphäre bezeichnet man als „Luft". Sie ist ein Gemisch aus verschiedenen Gasen.

Breitengrade Gedachte Kreise um die Erde parallel zum Äquator.

Doppelstern System aus zwei Sternen, die sich um den gemeinsamen Mittelpunkt ihrer Massen bewegen. Durch ihre Schwerkraft halten sie zusammen.

Ekliptik Projektion der Erdbahnebene auf die Himmelskugel. Sie ist in zwölf Abschnitte unterteilt, die den Tierkreiszeichen entsprechen.

Elliptisch Fast kreisrund oder wie ein zusammengedrücktes Oval geformt. Als elliptisch bezeichnet man die Form eines Gegenstandes oder einer Umlaufbahn.

Erdkruste Äußere Gesteinshülle der Erde.

Erdmantel Breite Schicht unter der Erdkruste.

Finsternis Erscheinung, bei der ein Himmelskörper vollständig (totale Finsternis) oder teilweise (partielle Finsternis) durch einen anderen Körper verdeckt wird.

Fluchtgeschwindigkeit Mindestgeschwindigkeit, die eine Rakete erreichen muss, um der Schwerkraft zu entkommen.

Galaxie Große Ansammlung von bis zu 200 Milliarden Sternen, Staub und leuchtenden Gaswolken. Sie werden durch die Schwerkraft zusammengehalten.

Galaxis Bezeichnung für die Galaxie, in der wir uns befinden. Sie wird auch Milchstraße genannt.

Gas Stoff, der wie Luft keine bestimmte Form annimmt und sich in alle Richtungen ausdehnen kann.

Halbschatten Teilweise abgeschatteter, ringförmiger Bereich um den Kernschatten von Mond und Erde bei einer Sonnen- oder Mondfinsternis.

Himmelskörper Körper im Weltall, z. B. Planeten oder Sterne.

Hintergrundstrahlung Mikrowellenstrahlung aus dem Weltraum, die Reststrahlung des Urknalls.

Kern Mittelpunkt eines Planeten, Mondes oder Sterns.

Komet Eishaltiger Himmelskörper des Sonnensystems, der bei Annäherung an die Sonne den Staub- und Gasschweif des Kometen bildet. Einer der berühmtesten Kometen ist der Halleysche Komet.

Korona Schicht heißer Gase um die Sonne. Die Korona ist nur bei einer totalen Sonnenfinsternis sichtbar.

Krater Rundes Einschlagloch auf der Oberfläche von Monden oder Planeten. Sie bilden sich, wenn große Gesteinsbrocken aus dem All auf Planeten oder Monde aufprallen.

Längengrade Gedachte Kreise um die Erde. Sie gehen durch die beiden Pole. Der Längengrad 0° (Nullmeridian) verläuft durch das Observatorium von Greenwich (London).

Lichtjahr Entfernung, die Licht in einem Jahr zurücklegt: 9,64 Billionen Kilometer.

Meteor Ein Gesteinsbrocken, der in der Erdatmosphäre verglüht, erzeugt eine Leuchtspur, auch Sternschnuppe genannt.

Meteorit Gesteinsbrocken aus dem Weltall, der auf die Erdoberfläche trifft und nicht als Meteor verglüht.

Milchstraße Unsere Galaxie mit dem Sonnensystem.

Mond Natürlicher Satellit, der einen Planeten umkreist. Ein Mond ist kleiner als ein Planet, zu dem er gehört.

Mondfinsternis Verdunklung des Mondes, wenn er in den Schatten der Erde eintritt.

NASA National Aeronautics and Space Administration. In den USA ist diese Behörde für die Weltraumforschung zuständig.

Nebel Staub- und Gaswolke im Weltraum oder entfernte Galaxie.

Neutronenstern Rest eines Sterns, der als Supernova explodiert ist. Neutronensterne, die sich drehen, nennt man Pulsare.

Phasen Veränderungen in der Gestalt des beleuchteten Teils des Mondes im Lauf eines Mondumlaufs um die Erde (Mondphasen).

Planet Himmelskörper, der die Sonne oder einen anderen Stern umkreist und Licht reflektiert. Im Sonnensystem gibt es acht Planeten.

Planetoid Gesteins- oder Metallbrocken, der um die Sonne kreist, auch Asteroid genannt. Die meisten Planetoiden befinden sich zwischen Mars und Jupiter (Planetoiden-Gürtel).

Polarstern Stern, der fast genau über dem Nordpol, dem nördlichsten Punkt der Erde, steht.

Protuberanz Glühende Gasmasse, die aus der Sonnenoberfläche geschleudert wird. Man kann Protuberanzen bei einer totalen Sonnenfinsternis gut erkennen.

Pulsar Sich schnell drehender Stern, der Radiosignale aussendet.

Radiowellen Schwingungen, die unsichtbar sind und durch die Luft und das All Informationen an andere Orte übermitteln. Dort werden sie von Antennen empfangen und in Bilder und Töne umgesetzt.

Raumfahrzeug Alle Apparate, die sich durch das Weltall bewegen und Personen oder andere Gegenstände wie z. B. eine Weltraumsonde transportieren.

Raumsonde Unbemanntes Raumfahrzeug zur Erforschung des Sonnensystems. Sonden erkunden z. B. die Oberfläche von Planeten.

Raumstation Bemanntes Raumfahrzeug, das um die Erde kreist. Es dient als Basis für Weltraumflüge und als Forschungsstation.

Roter Riese Stern vor dem Ende seines Lebens – er hat sich abgekühlt und aufgebläht. Ein Roter Riese ist viel größer als die Sonne.

Satellit Körper, der einen Planeten umkreist. Monde sind natürliche Satelliten. Künstliche Satelliten sind Telekommunikations- und Wettersatelliten, sie werden mit einer Rakete in den Weltraum geschossen.

Sauerstoff Gas in der Luft, das von Tieren und Menschen durch die Atmung verbraucht wird.

Schwarzer Zwerg Reste eines ausgebrannten Sterns.

Schwarzes Loch Himmelskörper mit so großer Anziehungskraft, dass kein Licht und keine andere Strahlung entkommen kann. Aus diesem Grund kann man Schwarze Löcher nicht sehen.

Schwerelosigkeit Fehlen der Schwerkraft im Weltall

Schwerkraft Kraft, die alles zur Erdoberfläche zieht. Sie wird zwischen zwei oder mehr Körpern wirksam, die eine Masse besitzen.

Sonne Stern in der Mitte des Sonnensystems.

Sonnenfinsternis Verdunklung der Sonne, wenn sich der Mond zwischen Sonne und Erde schiebt und dadurch den Blick auf die Sonne verstellt.

Sonnenflecken Kühlere Bereiche auf der Oberfläche der Sonne, die dunkler erscheinen als ihre Umgebung.

Sonnensystem Himmelskörper, deren Bewegung durch die Schwerkraft der Sonne bestimmt werden. Zu unserem Sonnensystem gehören die Sonne, die Planeten und zahlreiche kleinere Himmelskörper.

Stern Leuchtender Himmelskörper aus brennendem, explodierendem Gas. Sterne geben viele Millionen von Jahren Licht und Energie ab.

Sternbilder Historisch bedingte Gruppen von Sternen, denen die Menschen eine bestimmte Form zuordnen. Sie sind meist sehr gut zu erkennen.

Sternwarte Auch Observatorium genannt. Gebäude mit einer großen Kuppel und Teleskopen, mit denen Astronomen den Sternhimmel betrachten.

Supernova Explosion eines sehr dichten Sterns am Ende seines Lebens. Übrig bleiben ein Neutronenstern und ein Schwarzes Loch.

Tierkreis Zwölf Sternbilder. Diese werden von der Sonne im Laufe eines Jahres durchwandert.

Triebwerk Teil einer Rakete, der Treibstoff verbrennt und damit die Rakete antreibt.

Umlaufbahn Bahn, auf der ein Himmelskörper oder Satellit einen anderen Himmelskörper umkreist. Planeten befinden sich auf Umlaufbahnen um die Sonne.

Universum Weltall und alles, was darin enthalten ist, mit der Erde, allen Planeten, Galaxien und Sternen.

Urknall Theorie, die davon ausgeht, dass das Weltall vor ungefähr 15 Milliarden Jahren mit einer gewaltigen Explosion begann.

Vakuum Luftleerer Raum

Weißer Zwerg Kleine Reste eines ausgebrannten Sterns, er gibt nur noch schwaches Licht ab und erzeugt keine Energie mehr im Inneren.

Register

Bildnachweis

CORBIS: Umschlagvorderseite (Bildleiste Mitte), 35 (Mitte), 37, 53, 62, 64
Astrofoto: Seite 14 (Mitte), 15 (oben), 47, 55 (unten)
Adpic Bildagentur: Seite 35 (oben)
dpa Picture-Alliance GmbH: Seite 65 (oben)
Fotosearch: Seite 52 (unten)
Wikipedia: Seite 19 o., 63 (oben rechts), 66 (oben links), 69 (oben rechts)
Martin von Wagner Museum der Universität Würzburg. Foto: K. Öhrlein: Seite 19 (Mitte rechts)

Bibliografische Information der Deutschen Bibliothek
Die Deutsche Bibliothek verzeichnet diese Publikation in der Deutschen Nationalbibliografie; detaillierte bibliografische Angaben sind im Internet über **http://dnb.ddb.de** abrufbar.

4 3 2 1 10 09 08 07

Postfach 1860 D-88188 Ravensburg

Text: Manfred Schwarz
Illustrationen: Lorenzo Orlandi, Thomas Thiemeyer, Charlotte Wagner
Redaktion: Karin Baege
Umschlagkonzeption: Dirk Lieb
Printed in Germany
ISBN: 978-3-473-55159-0

www.ravensburger.de

Schicke uns eine Karte mit dem richtigen Lösungswort oder eine E-Mail.
Wir verlosen jeden Monat 10 Buchpakete unter den Einsendern!

Gewinnspiel-Adresse:
Ravensburger Buchverlag
Otto Maier GmbH
Kennwort ‚Expedition Wissen'
Postfach 2007
88190 Ravensburg
Deutschland

Mailadresse:
buchgewinnspiel@ravensburger.de,
im Betreff Kennwort ‚Expedition Wissen'

Du kannst auch **online** am Gewinnspiel teilnehmen! Trage das Lösungswort ein unter der Rubrik „Knack den Code" auf der Seite **www.expedition.wissen.de**.

Viel Glück!